かっこいい小学生になろう

Z会グレードアップ問題集

改訂版

小学5年

算数

計算・図形

はじめに

Ｚ会は「考える力」を大切にします

『Ｚ会グレードアップ問題集』は，教科書レベルの問題集では物足りないと感じている方・難しい問題にチャレンジしたい方を対象とした問題集です。当該学年での学習事項をふまえて，発展的・応用的な問題を中心に，一冊の問題集をやりとげる達成感が得られるよう内容を厳選しています。少ない問題で最大の効果を発揮できるように，通信教育における長年の経験をもとに“良問”をセレクトしました。単純な反復練習ではなく，１つ１つの問題にじっくりと取り組んでいただくことで，本当の意味での「考える力」を育みます。

確かな「計算力」を養成

計算の単元では，小数のかけ算・わり算や分数の計算のしかたを理解できているかどうかを問う基本問題から学習します。徐々に複雑な計算に取り組み，最後には，順序を考えて計算する応用問題や逆算にも挑戦します。難易度が急に上がらないよう，工夫して問題を配置しているので，計算が苦手なお子さまでも，無理なく取り組むことができ，確かな「計算力」を養成します。

平面図形や空間図形を多面的にとらえる「図形センス」

５年生では，多角形や角柱など，複雑な図形の学習をします。本書では，面積や体積を求めるための図形の分割のしかたや，角度を求めるための補助線の引き方を学習し，高学年の算数や中学以降の数学の問題を解くために必要な「図形センス」を養います。

この本の使い方

1 この本は全部で 45 回あります。
第 1 回から順番に，1 回分ずつ取り組みましょう。

2 1 回分が終わったら，別冊の『解答・解説』を見て，自分で丸をつけましょう。

3 まちがえた問題があったら，『解答・解説』の「考え方」を読んでしっかり復習しておきましょう。

4 知っていたらかっこいい！ これができるとかっこいい！ でしょうかいしていることは，これから役立つことが多いので，覚えておきましょう。

5 マークがついた問題は，発展的な内容をふくんでいます。解くことができたら，自信をもってよいでしょう。

保護者の方へ

本書は，問題に取り組んだあと，お子さま自身で答え合わせをしていただく構成になっております。学習のあとは別冊の『解答・解説』を見て答え合わせをするよう，お子さまに声をかけてあげてください。

いっしょにむずかしい問題に，挑戦しよう！

目次

1

計算

小数のかけ算 ①

学習日　　月　　日

得点　　／100点

1 次の計算を筆算でしなさい。(各５点)

① 30×0.2

② 43×1.7

③ 27×9.8

④ 121×0.55

⑤ 7.3×9.6

⑥ 4.1×0.75

⑦ 3.14×6.2

⑧ 4.34×7.05

⑨ 9.16×2.87

2 $123 \times 45 = 5535$ です。これをもとにして，次の積を求めなさい。（各５点）

❶ 12.3×4.5

（　　　　　）

❷ 1230×0.45

（　　　　　）

❸ 0.123×45000

（　　　　　）

3 くふうして次の計算をしなさい。（各20点）

❶ $3.14 \times 4.8 + 3.14 \times 5.2$

（　　　　　）

❷ $4 \times 7.23 \times 25$

（　　　　　）

計算 図形

2 小数のかけ算 ②

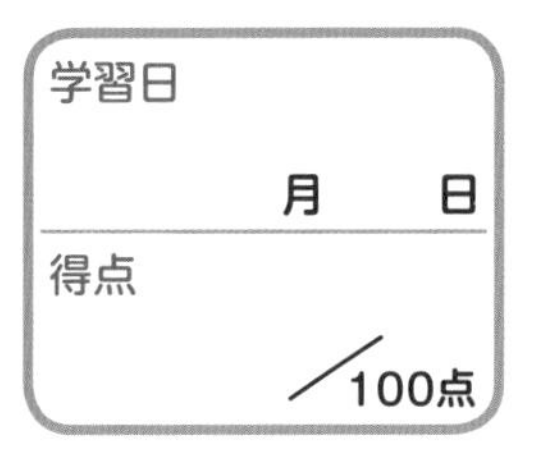

1 次の□の中に，不等号（>，<）を書き入れて，積とかけられる数の大きさの関係を表しなさい。（各10点）

① 6×0.7 □ 6　② 230×1.01 □ 230

③ 3.14×1.9 □ 3.14　④ 2.73×0.98 □ 2.73

2 右の図のあ，い，うの長方形の面積の和は何 cm^2 ですか。（15点）

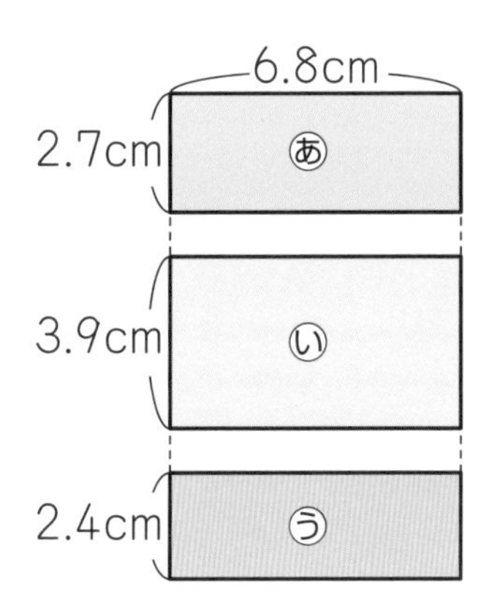

（　　　　　　　　）

3 次の問いに答えなさい。(各 15 点)

1 ジュースが 5.2 dL ずつ入ったびんが 15 本あります。ジュースは全部で何 L 何 d L ありますか。

( )

2 1 L のガソリンで 13.8km 走ることのできる車があります。ガソリン 5.6 L では，何 km 走ることができますか。

( )

3 **2** の車で出かけました。家を出るとき，4.3 L のガソリンが入っていましたが，ガソリンがなくなりそうになったので，とちゅうで 7.5 L たしました。家に帰ったときのガソリンの残りの量が 2 L だったとき，この車は，何 km 走りましたか。

( )

家を出てから帰ってくるまで，合計で何 L のガソリンを使ったのか，考えよう。

3 図形

直方体と立方体の体積 ①

学習日　　月　　日
得点　　／100点

1　１辺が１cm の立方体を積み重ねた次のような形があります。これらの体積はそれぞれ何 cm^3 ですか。(各１０点)

①

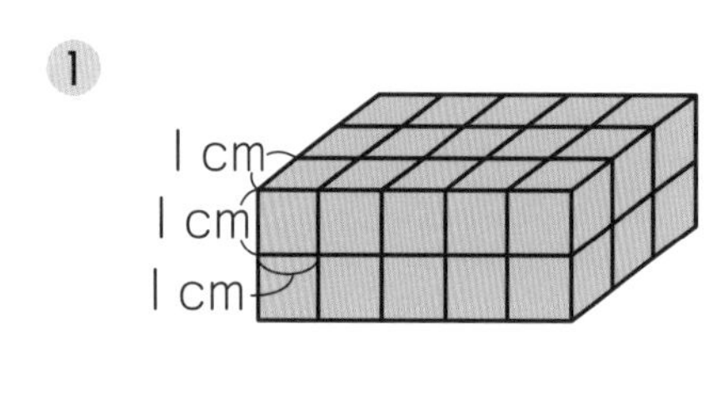

(　　　　　　)

②

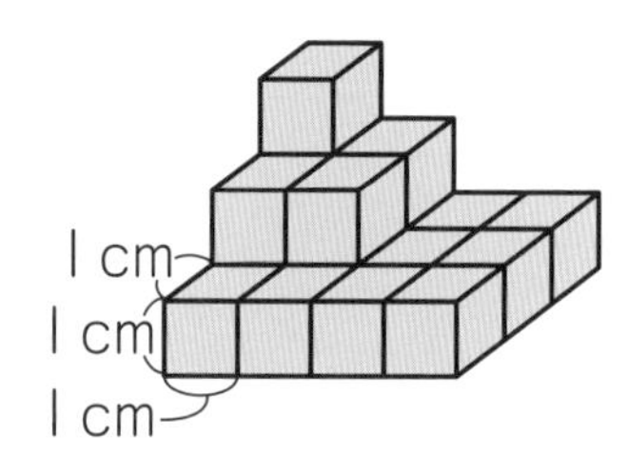

(　　　　　　)

2　次の □ にあてはまる数を書き入れなさい。(各１０点)

① $3m^3$ = □ cm^3

② $2300000cm^3$ = □ m^3

③ $0.36m^3 + 40000cm^3$ = □ m^3

③は，単位が「m^3」と「cm^3」のままだと和を求められないから，まず，単位をそろえることから考えよう。

3 次の直方体や立方体の体積はそれぞれ何 cm³ ですか。（各 10 点）

❶

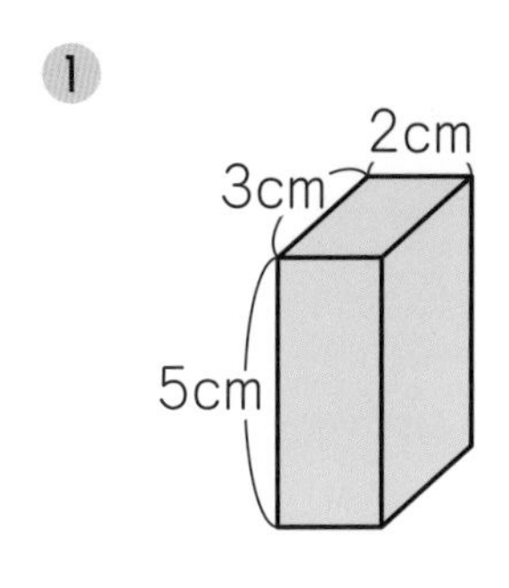

（　　　　　）

❷

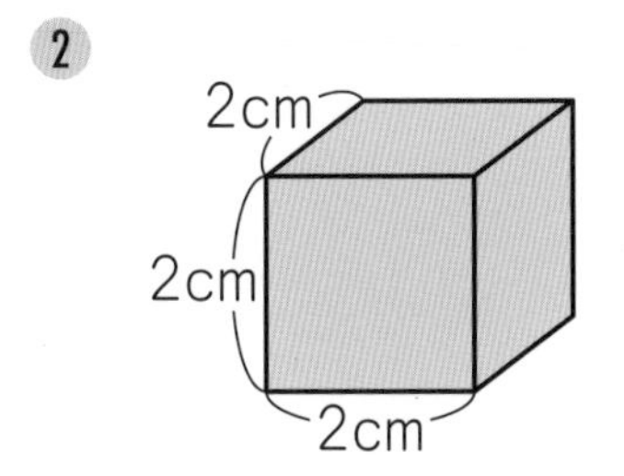

（　　　　　）

❸

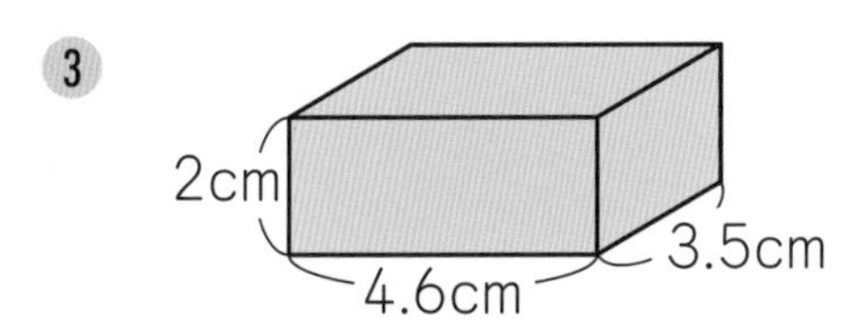

（　　　　　）

4 次のような立体の体積は何 cm³ ですか。（20 点）

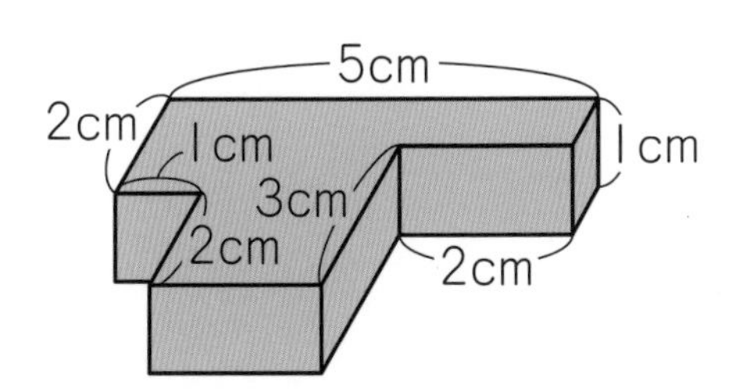

（　　　　　）

4 図形

容積（ようせき） ①

学習日　　月　　日
得点　　／100点

1 次の□にあてはまる数を書き入れなさい。(各 10 点)

① 5L = □ cm^3

② 200L = □ m^3

③ 1.3L + 500cm^3 = □ cm^3

④ 1.2L + 3dL + 600mL = □ dL

2 右の図のような，内のりがたて 30cm，横 40cm，深さ 45cm の水そうがあります。この水そうの容積は何 cm^3 ですか。(20 点)

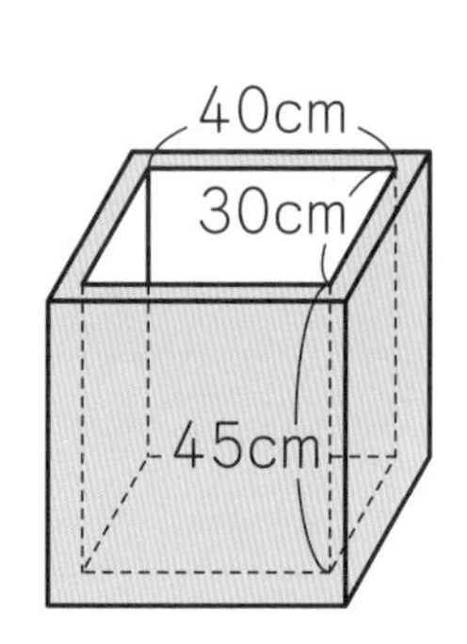

(　　　　)

3 厚(あつ)さ 2.5cm の板で，右の図のようなますを作りました。このますの容積は何 cm^3 ですか。（20 点）

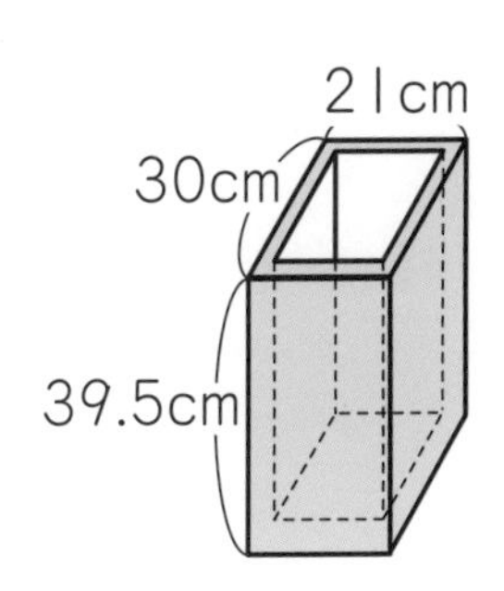

（　　　　　）

4 たて 28cm，横 38cm の板があります。この板の四すみから右の図のように 1 辺が 4cm の正方形を切り取って，ふたのない容器を作ります。次の問いに答えなさい。ただし，板の厚さは考えないものとします。（各 10 点）

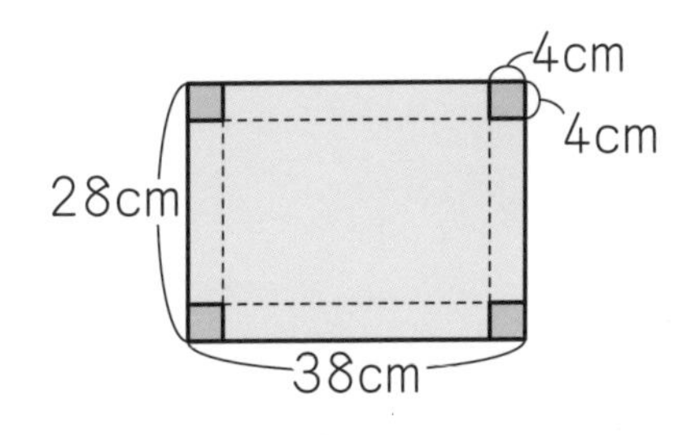

① この容器の容積は何 cm^3 ですか。

（　　　　　）

② この容器に 1.5L の水を入れたとき，水の深さは何 cm になりますか。

（　　　　　）

5

計算 図形

小数のわり算 ①

学習日　　月　　日

得点　　／100点

1 次のわり算をわりきれるまで計算しなさい。(各 10 点)

① $8.4 \overline{)\,21}$

② $3.2 \overline{)\,136}$

③ $7.1 \overline{)\,9.94}$

④ $2.4 \overline{)\,14.16}$

2 次のわり算の商を小数第一位まで求め，あまりも出しなさい。(各 10 点)

① $4.6 \overline{)\,22}$

② $0.6 \overline{)\,1.72}$

3 次のわり算の商を四捨五入して，上から２けたの概数で求めなさい。

（各１０点）

❶ $3.7\overline{)\,35}$

❷ $1.3\overline{)\,9.19}$

❸ $2.9\overline{)\,8.26}$

4 たて4.6cm，横10.5cmの長方形があります。この長方形の面積を変えないで，たての長さを2.5倍にすると，横の長さは何cmになりますか。（１０点）

（　　　　　）

6 計算 小数のわり算 ②

1 次の□の中に，不等号（＞，＜）を書き入れて，商とわられる数の大きさの関係を表しなさい。（各 10 点）

① 114 ÷ 0.3 □ 114　　② 96 ÷ 1.1 □ 96

③ 0.5 ÷ 0.9 □ 0.5　　④ 1.09 ÷ 1.08 □ 1.09

2 ある数に 3.5 をかけてから 7.5 でわるところを，まちがえて 3.5 でわってから 7.5 をかけたので，答えが 22.5 になりました。正しい答えはいくつですか。

（15 点）

これができるとかっこいい！

（　　　　　）

ある数を□とおいて，正しい答えを求める式と，まちがった答えを求める式を書いてみよう。

3 次の問いに答えなさい。(各 15 点)

1 食塩が 3.6kg あります。0.45kg ずつふくろに入れていくと，食塩のふくろは何ふくろできますか。

(　　　　　　)

2 1m の重さが 4.2kg の鉄のぼうが 23.94kg あります。この鉄のぼうの長さは何 m ですか。

(　　　　　　)

3 0.4m の重さが 1.8kg の鉄のぼうが 15.75kg あります。この鉄のぼうの長さは何 m ですか。

(　　　　　　)

ヒント
0.4m の重さが 1.8kg という条件(じょうけん)から，1m の重さが求められる。

7

図形

容積(ようせき) ②

学習日　月　日

得点　／100点

1 内のりがたて 20cm，横 25cm，深さ 15cm の直方体の形をした水そうＡと，内のりがたて 15cm，横 15cm，深さ 12cm の直方体の形をした水そうＢがあります。水そうＡには，深さ 8cm のところまで水が入っており，水そうＢには，深さ 10cm のところまで水が入っています。

水そうＡに石をしずめたところ，石は完全に水の中にしずみ，水の深さが 10cm になりました。次の問いに答えなさい。（各 20 点）

1 石の体積は何 cm^3 ですか。

（　　　　　）

2 次に，この石を水そうＡから取り出して，水そうＢにしずめると，石は完全に水の中にしずみ，水があふれました。あふれた水は何 cm^3 ですか。

（　　　　　）

2 下の図のような，内のりがたて 15cm，横 40cm，深さ 20cm の直方体の形をした水そうと，たて 10cm，横 18cm，高さ 5cm の直方体の形をしたレンガがあります。水そうには，深さ 10cm のところまで水が入っています。次の問いに答えなさい。（各 20 点）

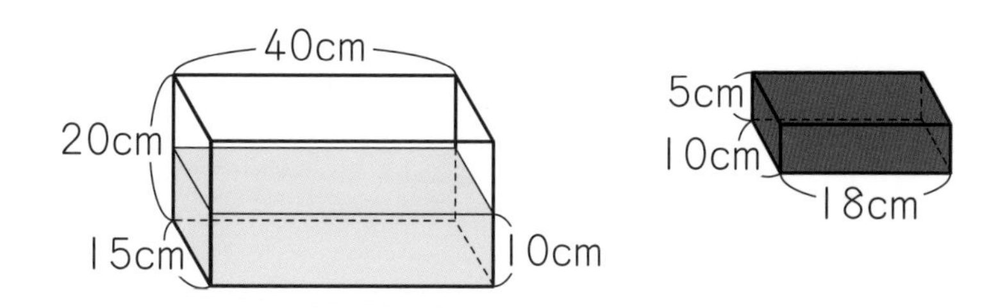

① 水そうに入っている水の体積は何 L ですか。

（　　　　　）

② レンガの体積は何 cm^3 ですか。

（　　　　　）

③ 水そうにレンガ全体をしずめたとき，水の深さは何 cm になりますか。

（　　　　　）

8 図形 合同な図形 ①

学習日 月 日
得点 ／100点

1 右の図で，２つの四角形は合同です。次の問いに答えなさい。（各 10 点）

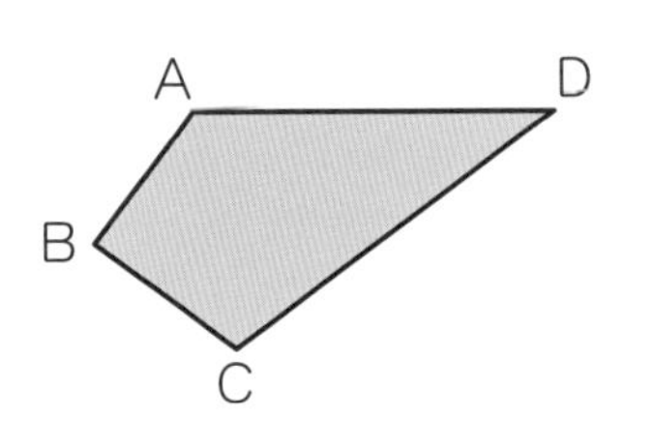

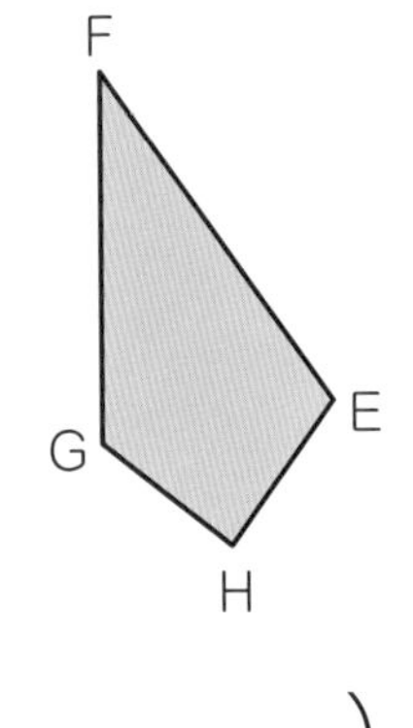

1 辺ＢＣに対応（たいおう）する辺を答えなさい。

（　　　　）

2 角Ｄに対応する角を答えなさい。

（　　　　）

2 次の 1 ～ 3 で，三角形ＡＢＣの形と大きさが１つに決まるものには○，いくつか考えられるものには×を書きなさい。（各 10 点）

1 辺ＡＢが 3cm，辺ＢＣが 5cm，角Ｂが 60°の三角形ＡＢＣ

（　　　　）

2 辺ＡＢが 3cm，辺ＢＣが 4cm，角Ｃが 45°の三角形ＡＢＣ

（　　　　）

3 角Ｂが 40°，角Ｃが 60°，辺ＢＣが 5cm の三角形ＡＢＣ

（　　　　）

3 右の図は，正三角形ＡＢＣを点Ａが辺ＢＣ上の点Ｄに重なるように，直線ＥＦで折り返したものです。次の問いに答えなさい。

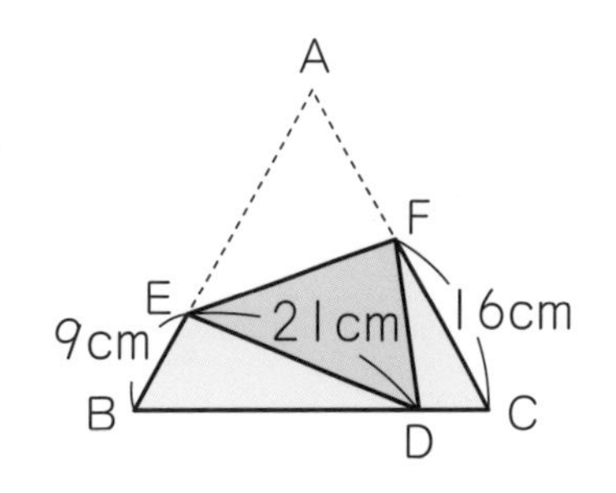

1 三角形ＤＥＦと合同な三角形はどれですか。（10点）

（　　　　　　）

2 直線ＡＥの長さは何cmですか。（20点）

（　　　　　　）

3 直線ＤＦの長さを求めなさい。（20点）

（　　　　　　）

知っていたらかっこいい！　三角形の形と大きさを１つに決めるには…

次の３つのうちのどれかにあてはまるとき，三角形の形と大きさを１つに決めることができるよ。

・３本の辺の長さがわかる
・２本の辺の長さと，その辺にはさまれた角の大きさがわかる
・１本の辺の長さと，その辺の両はしの角の大きさがわかる

三角形の形と大きさが１つに決められるかどうかを考える問題（**2**など）が出たときのために，ぜひ覚えておこう！

9 図形 合同な図形 ②

1 コンパス，定規（じょうぎ），分度器を使って，次の①〜④の図形と合同な図形をかきなさい。（各10点）

①

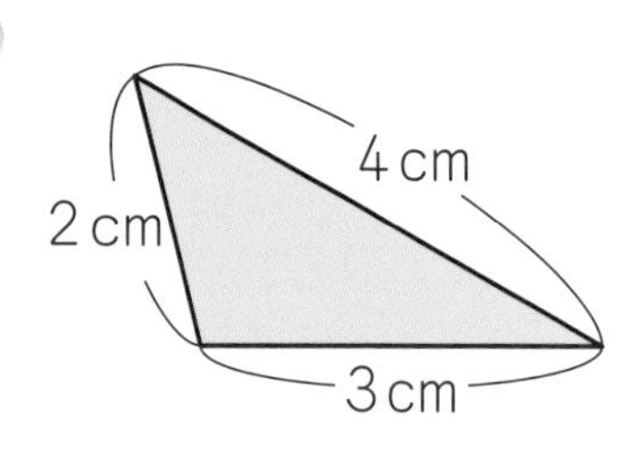

②

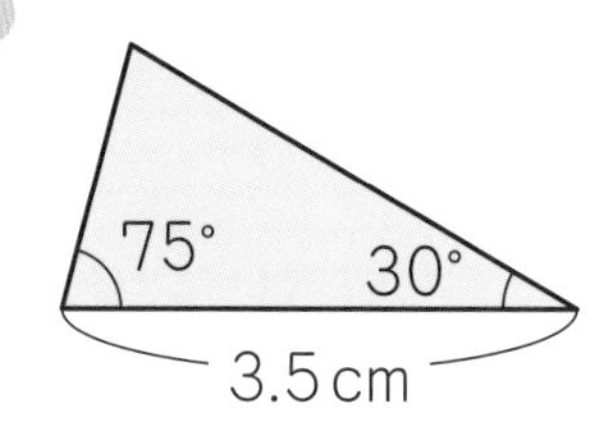

③

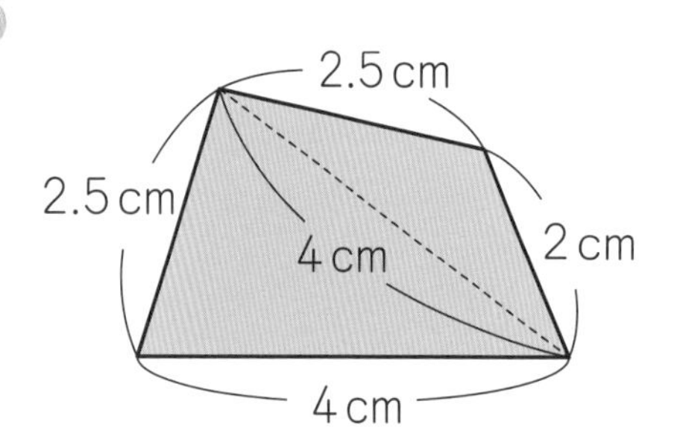

④

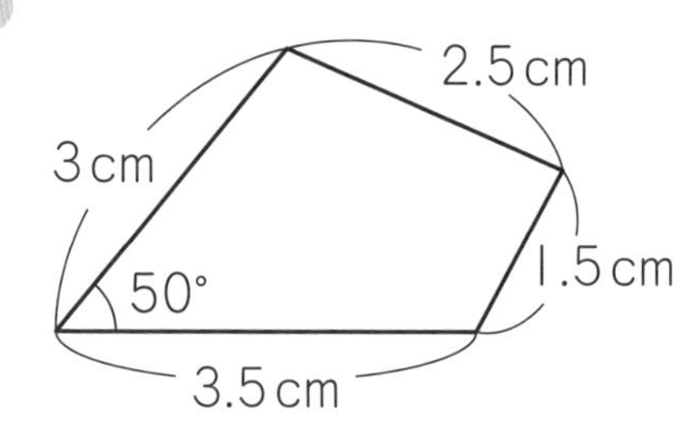

2 コンパス，定規，分度器を使って，次のような三角形をかきなさい。(各 20 点)

1 2 つの辺の長さが 4cm，2.5cm，その間の角の大きさが 60° の三角形

2 1 つの辺の長さが 5cm，その両側の角の大きさが 40°，70° の三角形

3 右の図で，三角形**アウエ**と三角形**イエオ**は正三角形です。5 点**ア**，**イ**，**ウ**，**エ**，**オ**のうちの 3 点を頂点(ちょうてん)とする三角形の中で，合同な三角形を 1 組答えなさい。(20 点)

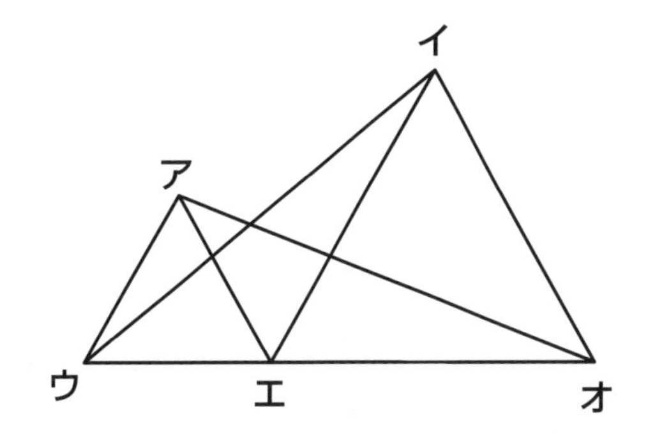

（三角形　　　　と三角形　　　　）

10 計算 図形 変わり方と比例(ひれい)

学習日　　月　　日
得点　　／100点

1 次の２つの量の変わり方について，○と□の関係を式で表しなさい。（各 15 点）

① １辺の長さが○ cm の正方形の面積□ cm^2

（　　　　　　　　　　　　）

② 45 回あるグレードアップ問題集の，学習した回数○回と残っている回数□回

（　　　　　　　　　　　　）

2 次の**ア**～**オ**のうち，２つの量が比例するものをすべて選び，記号で答えなさい。（20 点）

ア　２Ｌの牛乳(ぎゅうにゅう)の，飲んだ量と残った量
イ　円の半径とまわりの長さ
ウ　立方体の１辺の長さとその体積
エ　１本 120 円のペットボトルを買うときの，買う本数とその代金
オ　面積が $40cm^2$ の長方形の，たての長さと横の長さ

（　　　　　　　　　　　　）

3 黒のご石を下のようにならべて，正方形を作ります。次の問いに答えなさい。

（各 25 点）

1 ○番目の正方形を作るのに必要なご石の個数（こすう）を□個として，○と□の関係を式で表しなさい。

（　　　　　　　　　　　）

ヒント

ご石の個数を右のように 4 つに分けて考える。

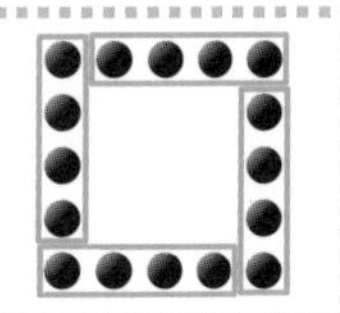

2 23 番目の正方形を作るのに必要なご石の個数は何個ですか。

（　　　　　）

知っていたら かっこいい！　**反比例（はんぴれい）**

2 つの変わる量があって，一方の量（○）が 2 倍，3 倍，…になると，それにともなってもう一方の量（□）も 2 倍，3 倍，…になるとき，□は○に比例するというんだったね。

それに対して，一方の量（○）が 2 倍，3 倍，…になると，もう一方の量（□）が $\frac{1}{2}$ 倍，$\frac{1}{3}$ 倍，…になるとき，□は○に反比例（はんぴれい）するというよ。

（例）・面積が 18cm^2 の長方形のたての長さと横の長さ

・72cm のリボンを等分したときの本数と 1 本あたりの長さ

11 計算

小数のかけ算とわり算

1 次の計算をしなさい。(各 10 点)

① $8.1 \times 0.6 \div 3.6$

(　　　　)

② $11.2 \times 0.7 - 0.91 - 1.23$

(　　　　)

③ $6.3 + 2.4 \div 0.4 \times 0.65$

(　　　　)

④ $10.34 \div 4.4 - 0.92 \times 1.5 + 4.39$

(　　　　)

2 次の計算をしなさい。（各 15 点）

① $0.25 + 0.75 \times (2.84 + 4.12)$

（　　　　　）

② $4.8 \times 4.5 - 0.24 \div (6.4 - 9 \div 1.5)$

（　　　　　）

3 次の□にあてはまる数を書き入れなさい。（各 15 点）

①

$$
\begin{array}{r}
\square.9 \\
\times\ \square.7 \\
\hline
\square\,4\,3 \\
\square\,\square\,7 \\
\hline
\square\,\square.\square\,\square
\end{array}
$$

②

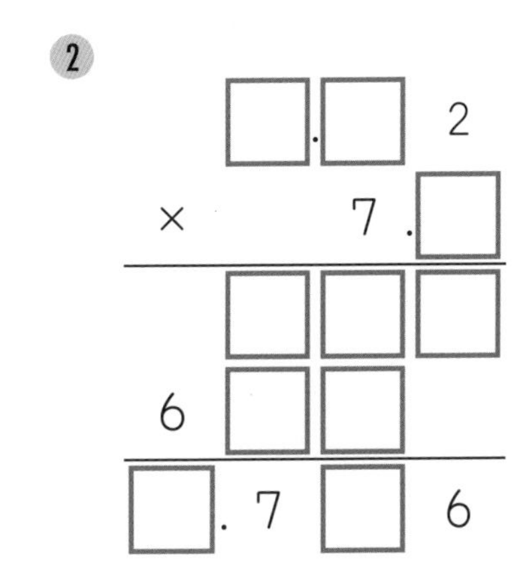

12 図形 直方体と立方体の体積 ②

学習日　　月　　日
得点　　／100点

1 次のような直方体があります。このとき，□にあてはまる数を求めなさい。

（各10点）

①

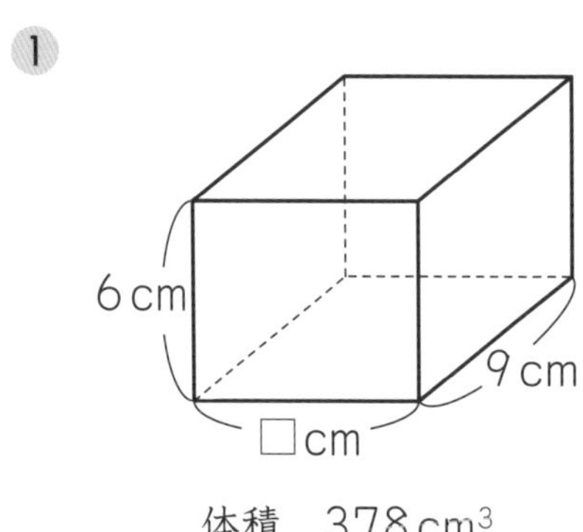

体積　378cm³

( )

②

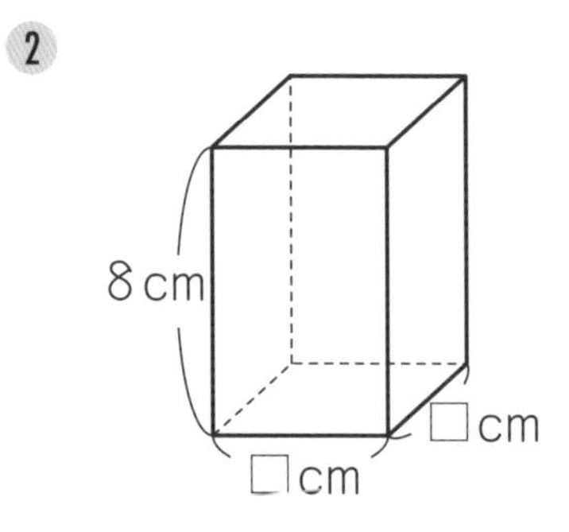

体積　200cm³
底面は正方形

( )

2 右のような図形の体積は何cm³ですか。(20点)

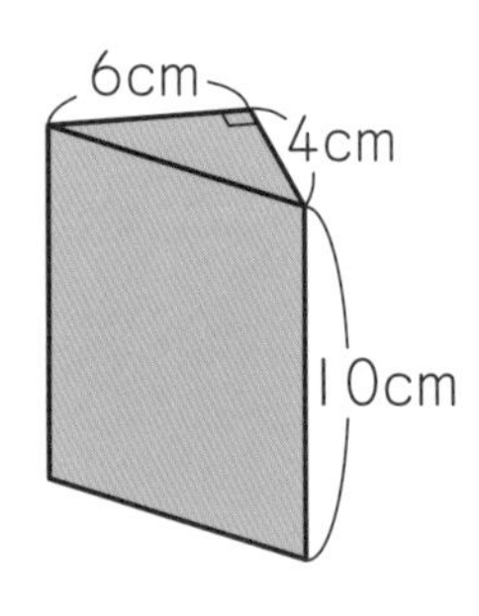

( )

直方体や立方体の体積の求め方は知っているね。これを使えないかな？

3 次の展開図(てんかいず)を組み立てたときの立体の体積は何 cm^3 ですか。(各 20 点)

1

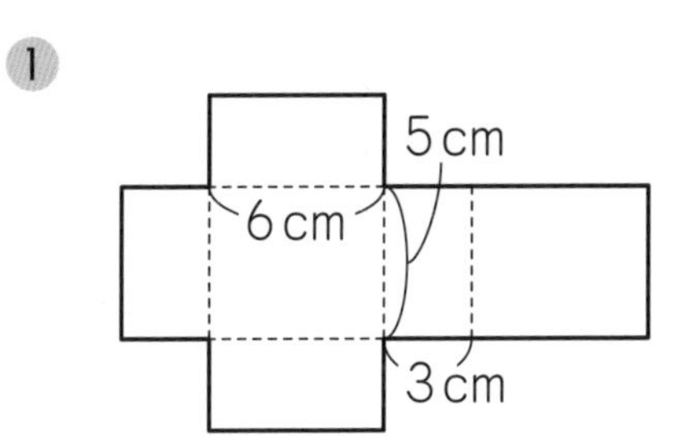

(　　　　　　　)

2

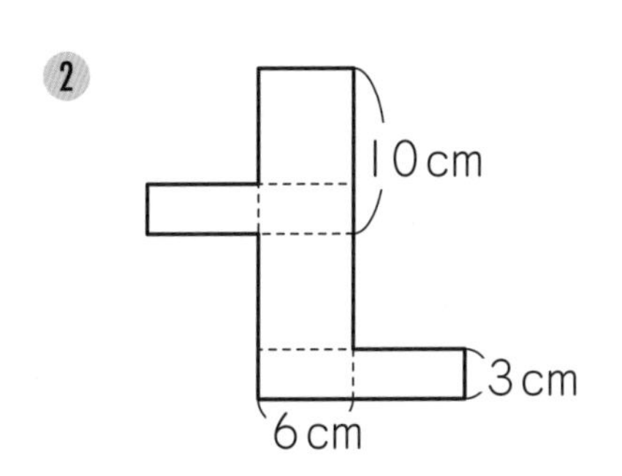

(　　　　　　　)

4 右の図は，直方体の展開図で，この展開図の面積は 172cm^2 です。展開図を組み立てたときの直方体の体積は何 cm^3 ですか。(20 点)

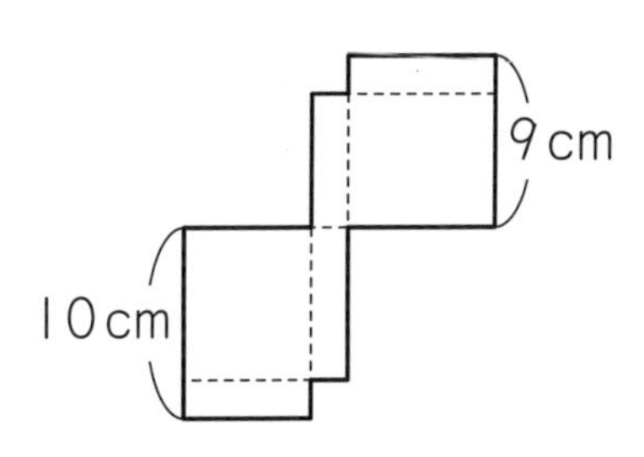

(　　　　　　　)

ヒント
展開図の中で，長さが等しい辺をきちんと整理しよう。

13 計算 偶数と奇数

学習日　　月　　日

得点　　／100点

1 次の整数について，偶数には○，奇数には△を書きなさい。（各５点）

① 71

（　　　　）

② 340

（　　　　）

③ 1357

（　　　　）

④ 9752

（　　　　）

2 ３けたの整数について，次の問いに答えなさい。（各10点）

① いちばん小さい奇数を書きなさい。

（　　　　）

② いちばん大きい偶数を書きなさい。

（　　　　）

③ 奇数は全部で何個ありますか。

（　　　　）

ヒント

奇数と偶数は交互にならぶので，例えば１から100までの奇数と偶数の個数は，100 ÷ 2 = 50（個）ずつになる。このことを利用して，３けたの整数の中で奇数がいくつあるかを調べよう。

3 0, 3, 4, 9 の4まいのカードを1まいずつすべて使ってできる4けたの整数について，次の問いに答えなさい。(各15点)

1 いちばん小さい奇数を書きなさい。

( )

2 偶数は全部で何個できますか。

( )

4 次の計算の答えについて，偶数には○，奇数には△を書きなさい。(各5点)

1 奇数 ＋ 奇数

( )

2 偶数 ＋ 奇数

( )

3 偶数 × 偶数

( )

4 偶数 × 奇数

( )

これができるとかっこいい！

「偶数」や「奇数」に適当な数字をあてはめて，実際に計算してみると，答えがどうなるのか考えやすいよ。

14 計算 図形

倍数と公倍数

学習日 月 日
得点 ／100点

1 1から50までの整数のうち，次の数の倍数をすべて書きなさい。（各10点）

❶ 9

（　　　　　　　）

❷ 13

（　　　　　　　）

2 次の（　）の中の数の最小公倍数を書きなさい。（各15点）

❶ （12，16）

（　　　）

❷ （4，18，20）

（　　　）

❸ （2，6，9，10）

（　　　）

3 たて 8cm，横 9cm，高さ 12cm の直方体を同じ向きにすき間なくならべて，できるだけ小さい立方体を作りました。このとき，次の問いに答えなさい。

1. できた立方体の 1 辺の長さは何 cm ですか。（15 点）

（　　　　　）

ヒント
立方体の 1 辺の長さは，8 と 9 と 12 の倍数になる。

2. ならべた直方体の数は全部で何個（なんこ）ですか。（20 点）

（　　　　　）

できた立方体の 1 辺の長さから，たて，横，高さに直方体が何個ずつあるか分かるね。

15 計算

約数と公約数

学習日　　月　　日

得点　　／100点

1 次の数の約数をすべて書きなさい。(各10点)

1 45

(　　　　　　　　　　)

2 64

(　　　　　　　　　　)

2 次の(　　)の中の数の最大公約数を求めなさい。(各10点)

1 (8, 28)

(　　　　　)

2 (24, 36, 42)

(　　　　　)

3 (15, 30, 40, 45)

(　　　　　)

3 みかん，りんご，バナナ，メロンそれぞれの絵がかかれたカードを，何人かの子どもに配ります。次の問いに答えなさい

1 18まいのみかんのカードを同じまい数ずつ配ります。あまりが出ないように配れるのは，□人の子どもに配るときです。□にあてはまる数を，「1」もふくめてすべて答えなさい。（15点）

（　　　　　　　　　　）

2 21まいのりんごのカードと35まいのバナナのカードをできるだけ多くの子どもにそれぞれ同じまい数ずつ配ります。どちらもあまりが出ないように配れるのは，何人の子どもに配るときですか。（15点）

（　　　　）

3 31まいのメロンのカードを配ります。できるだけ多くのカードを同じまい数ずつ配ったら，4まいあまりました。このときに考えられる子どもの人数は□人です。□にあてはまる数をすべて答えなさい。（20点）

（　　　　　　　　　　）

16 計算 分数のたし算とひき算 ①

学習日　月　日
得点　／100点

1 次の小数は分数で，分数は小数で表しなさい。（各 10 点）

① 2.7

(　　　　)

② $1\frac{3}{8}$

(　　　　)

2 次の計算をしなさい。（各 10 点）

① $\frac{3}{4}+1\frac{1}{3}$

(　　　　)

② $5\frac{1}{6}-3\frac{8}{9}$

(　　　　)

③ $1\frac{2}{3}+2.25-3\frac{1}{12}$

(　　　　)

④ $3.6-1\frac{1}{8}+\frac{21}{40}$

(　　　　)

3 次の（　　）の中の数を，小さいほうから順に書きなさい。（各 10 点）

❶ $\left(\frac{5}{8}, \frac{47}{72}, \frac{7}{12}\right)$

（　　　→　　　→　　　）

❷ $\left(1.25, \frac{11}{8}, \frac{27}{20}\right)$

（　　　→　　　→　　　）

4 $\frac{2}{9}$ より大きく，$\frac{2}{7}$ より小さい分数で，分母が 63 の分数について，次の問いに答えなさい。（各 10 点）

❶ このような分数をすべて書きなさい。

（　　　　　　）

❷ このような分数で，約分できないものをすべて書きなさい。

（　　　　　　）

17 計算 分数のたし算とひき算 ②

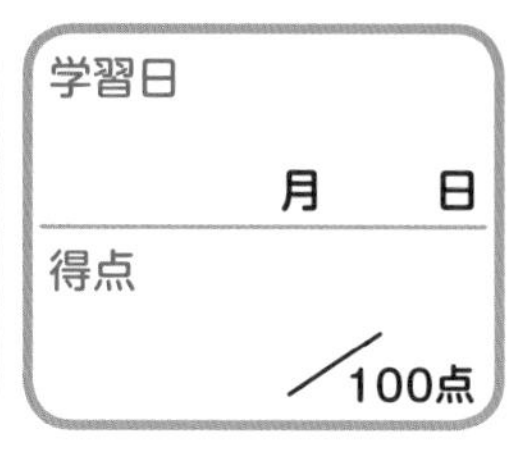

1 牛乳（ぎゅうにゅう）がAのびんには $1\frac{1}{4}$L，Bのびんには $1\frac{2}{3}$L入っています。牛乳は合わせて何Lありますか。(15点)

(　　　　　)

2 けんじさんの家からこうたさんの家までの道のりは $1\frac{11}{18}$km，こうたさんの家からまさよしさんの家までの道のりは $3\frac{7}{12}$km，まさよしさんの家からそうたさんの家までの道のりは $5\frac{1}{6}$km です。まさよしさんが自分の家から出かけるとき，けんじさんの家まで行くのと，そうたさんの家まで行くのとでは，どちらが何km遠いですか。(25点)

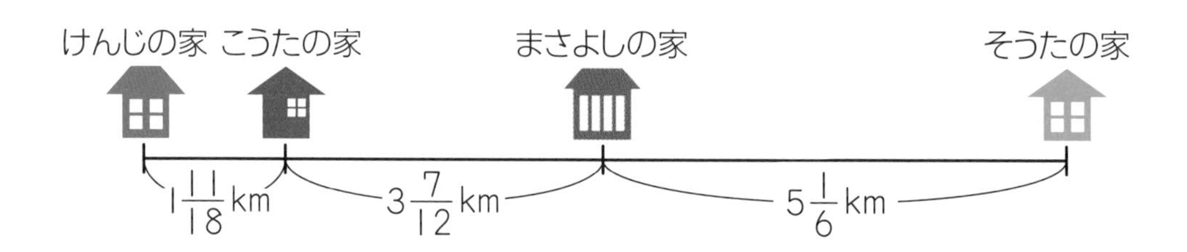

(　　　　さんの家までのほうが　　　　km遠い。)

3 ともやさんとりょうすけさんがそれぞれテープを持っています。ともやさんの持っているテープのほうが，りょうすけさんの持っているテープより $\frac{1}{8}$ m 長く，また，2人のテープを合わせると $2\frac{1}{4}$ m になります。次の問いに答えなさい。

1 次のような図をかいて考えます。□にあてはまる数を書き入れなさい。

（各15点）

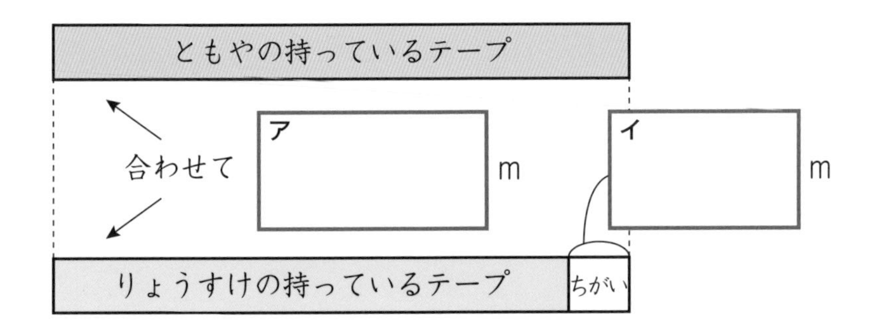

2 ともやさんとりょうすけさんが持っているテープは，それぞれ何 m ですか。

（各15点）

ともや（　　　　　）

りょうすけ（　　　　　）

図形

18 三角形の角度

学習日　　月　　日

得点　　／100点

1 次の三角形の㋐，㋑の角の大きさを計算で求めなさい。（各 20 点）

1

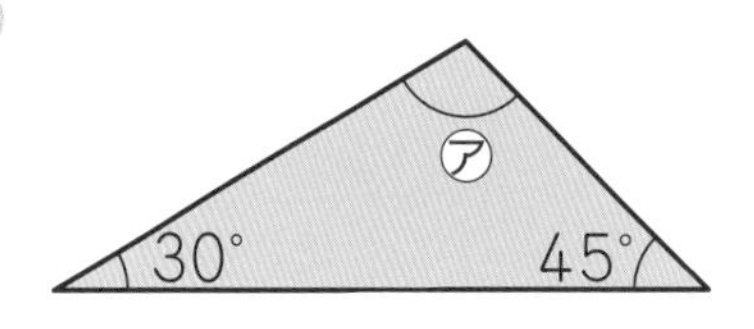

2

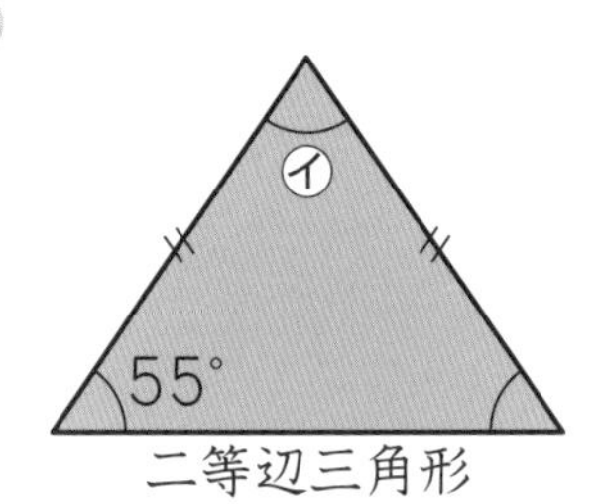

二等辺三角形

（　　　　　）　　（　　　　　）

2 次の三角形の㋐，㋑の角の大きさを計算で求めなさい。（各 20 点）

1

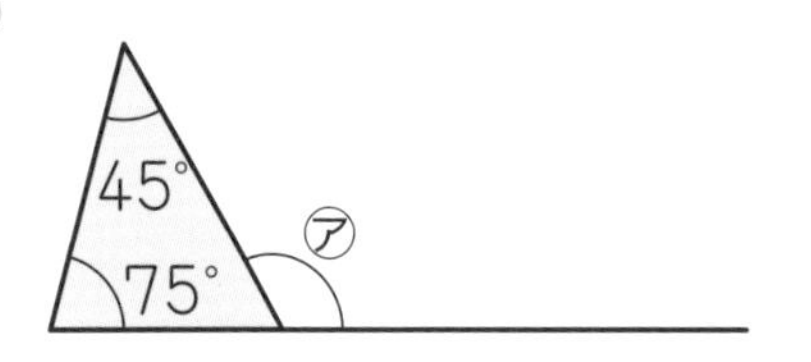

2

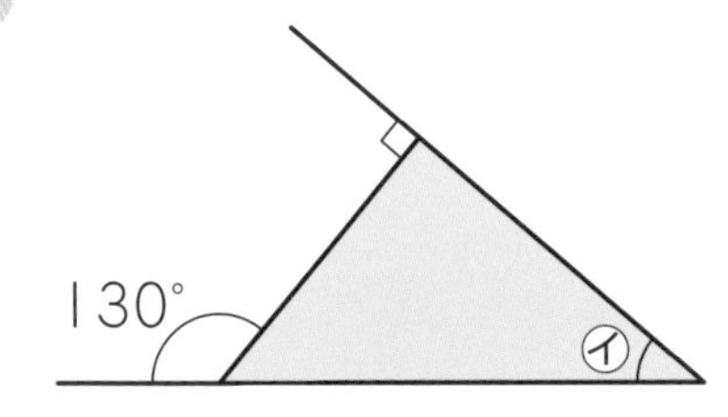

（　　　　　）　　（　　　　　）

3　下の図で，三角形ＡＢＣは正三角形です。また，三角形ＡＣＤにおいて，辺ＡＣと辺ＣＤの長さは等しくなっています。このとき，㋐，㋑の角の大きさを求めなさい。（各 10 点）

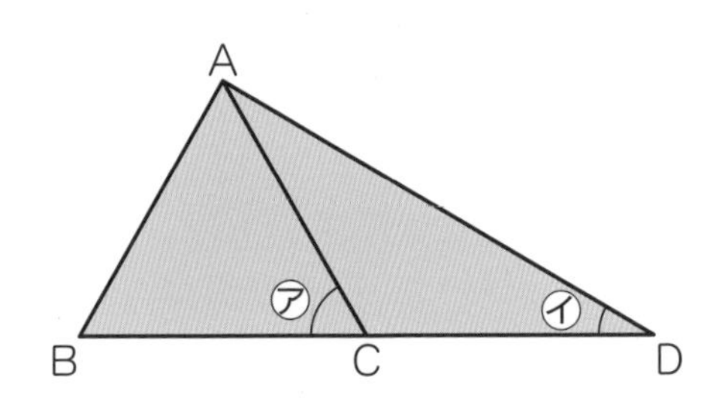

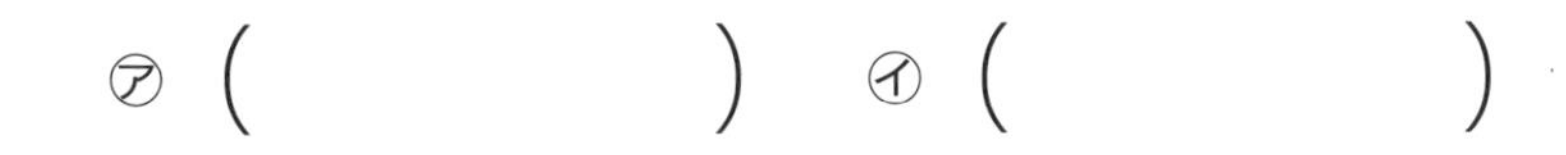

三角形の内角と外角の関係

下の図の三角形において，角㋐，㋑，㋒を「内角」といい，角㋓を「外角」というよ。三角形の外角は，次の性質（せいしつ）を使って求めることもできるんだ。

三角形の外角は，それととなり合わない２つの内角の和に等しい

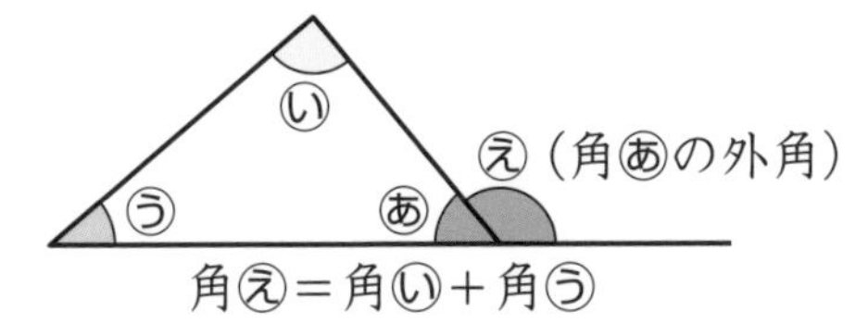

2のような問題は，この性質を利用できるよ。みんなより速く角度を求められたらかっこいいね。

19 図形

四角形の角度

学習日 月 日
得点 /100点

1 角あ，い，う，えの大きさを計算で求めなさい。（各10点）

①

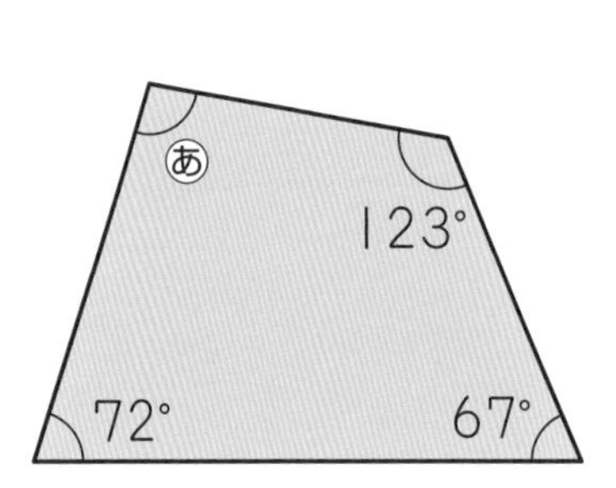

（　　　　　）

②

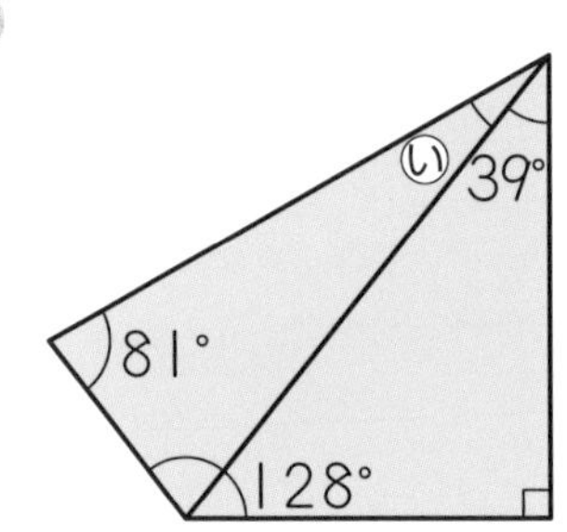

（　　　　　）

③

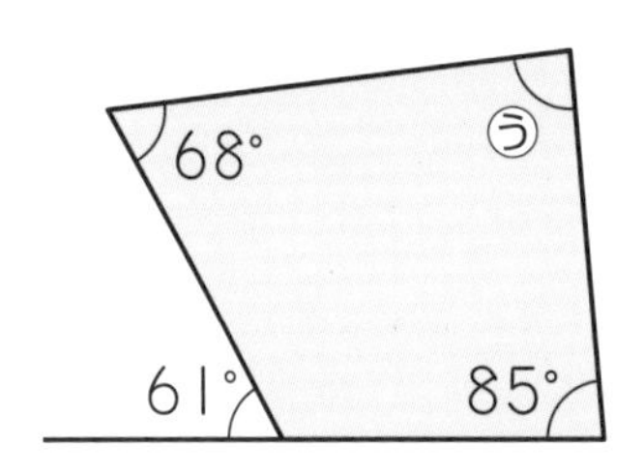

（　　　　　）

④

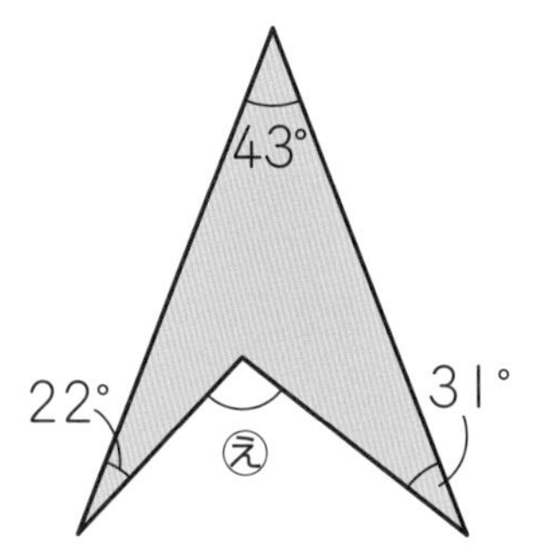

（　　　　　）

2　右の図の三角形ＡＢＣは，辺ＡＣの長さと辺ＢＣの長さが等しい二等辺三角形です。このとき，角あ，いの大きさを計算で求めなさい。

（各 15 点）

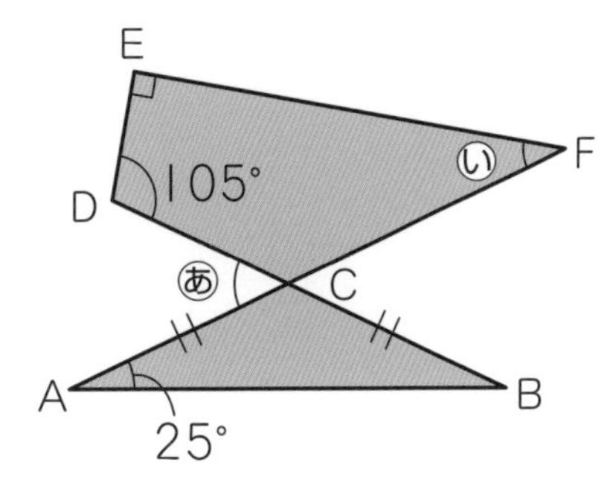

あ（　　　　　　）

い（　　　　　　）

3　右の図の四角形ＡＢＣＤはひし形です。このとき，角あ，いの大きさを計算で求めなさい。

（各 15 点）

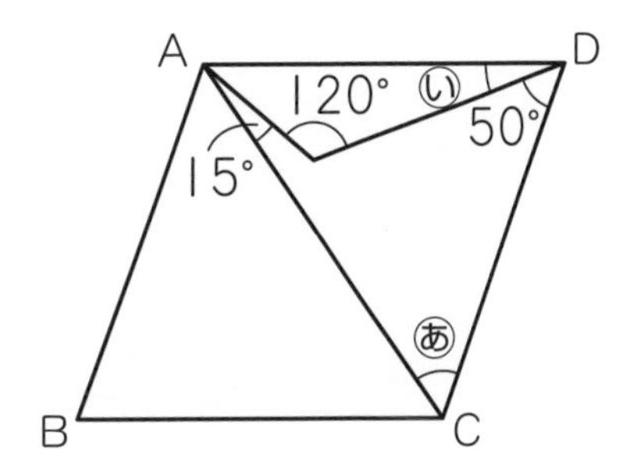

あ（　　　　　　）

い（　　　　　　）

20 図形

平行四辺形の面積

学習日　　月　　日
得点　　／100点

1 次の平行四辺形の面積を求めなさい。(各10点)

①

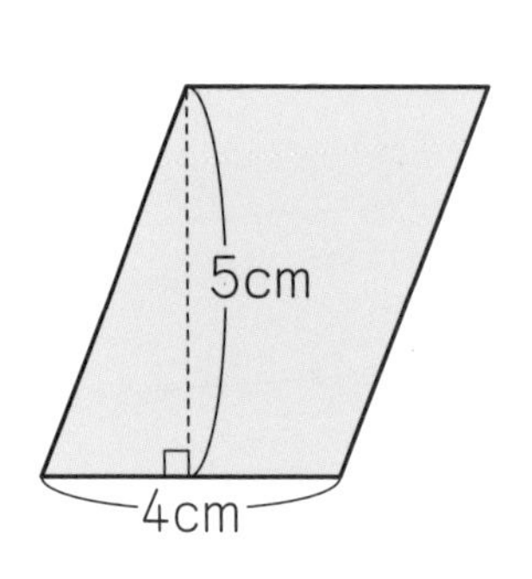

(　　　　　　)

②

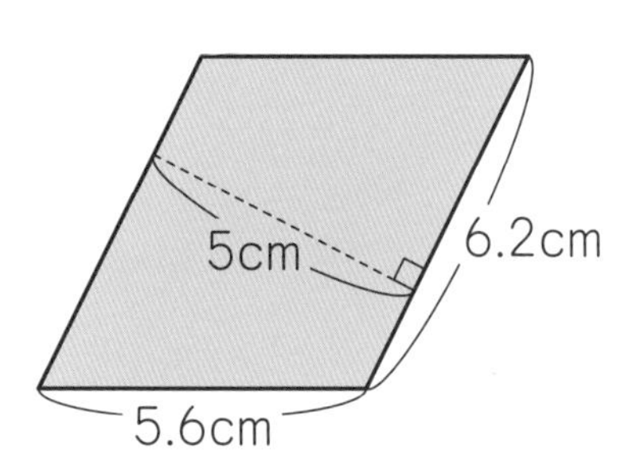

(　　　　　　)

③

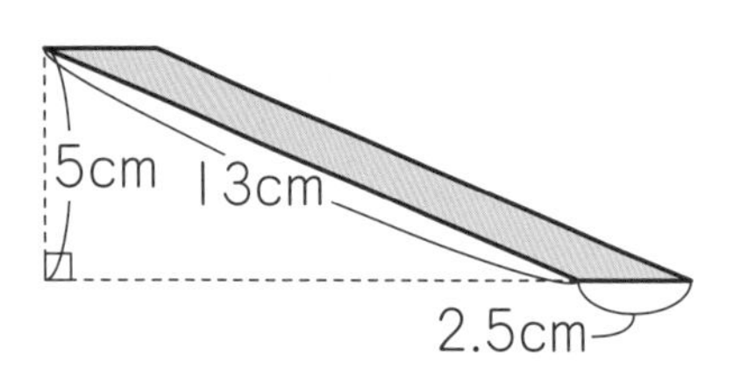

(　　　　　　)

④

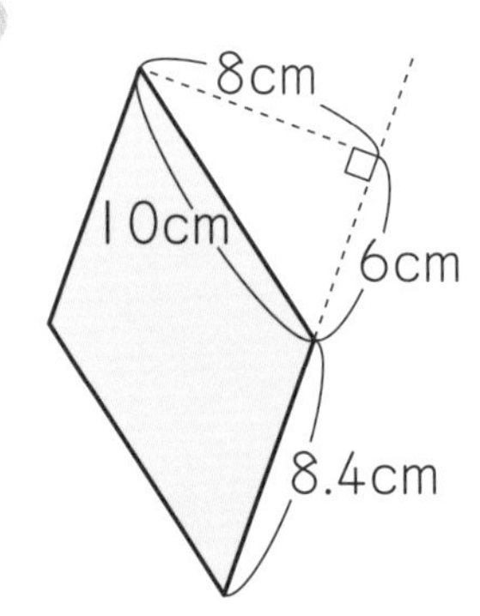

(　　　　　　)

2 次の平行四辺形で，□にあてはまる数をそれぞれ求めなさい。(各 20 点)

❶

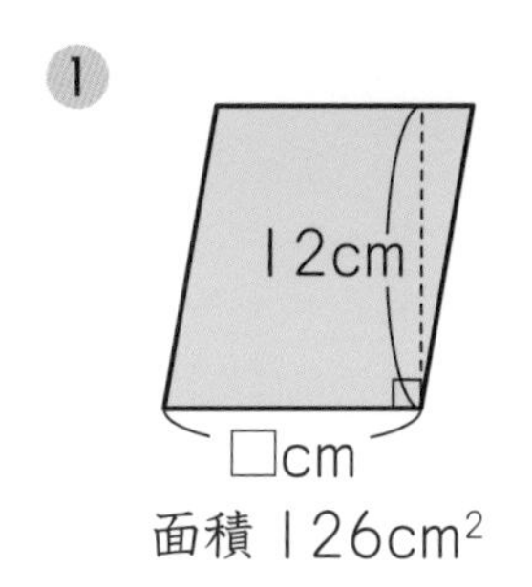

面積 126cm²

(　　　　　)

❷

8cm
12cm
10cm
□cm

(　　　　　)

3 右の図のように，平行四辺形の形をした土地に道を作り，色のついた部分の土地を花だんにします。このとき，花だんの面積は何m²になりますか。(20点)

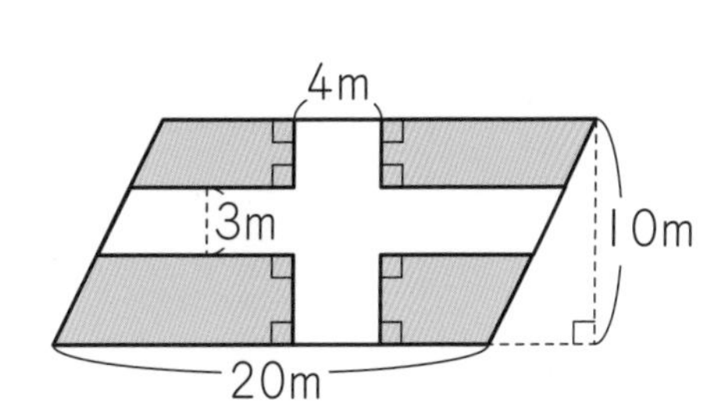

(　　　　　)

21 図形 三角形の面積

学習日　　月　　日
得点　　／100点

1 次の三角形の面積を求めなさい。(各 10 点)

❶

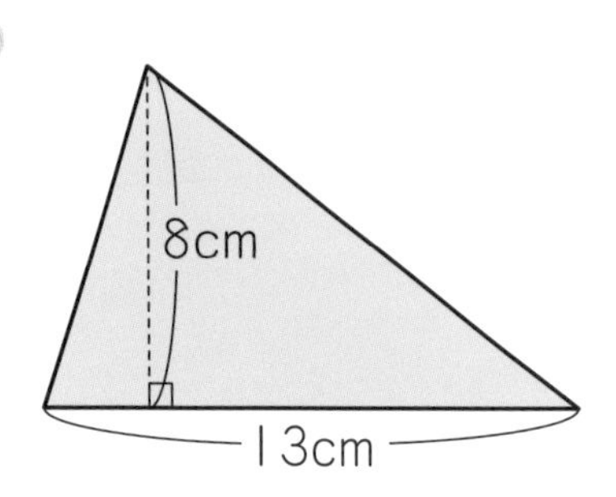

❷

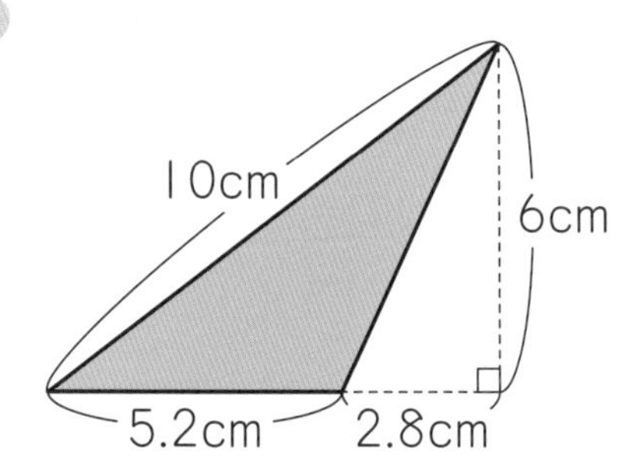

(　　　　　)　　(　　　　　)

2 次の三角形で，□にあてはまる数を求めなさい。(各 15 点)

❶

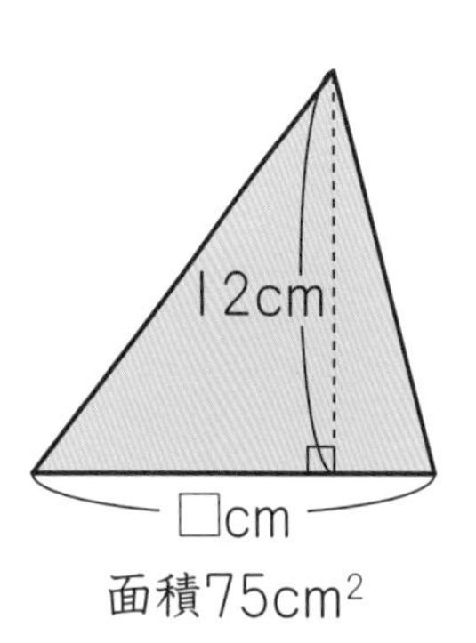

❷

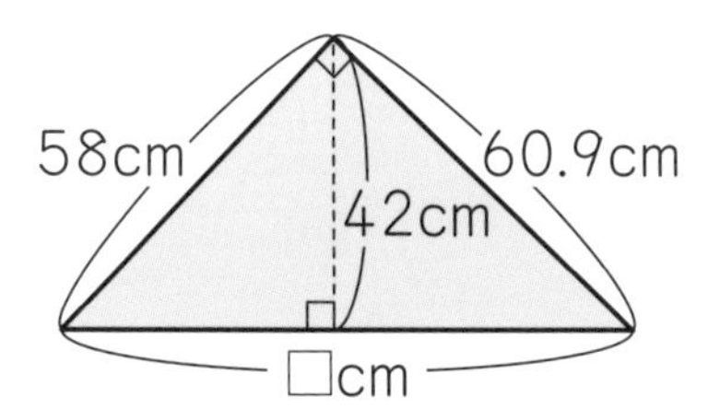

(　　　　　)　　(　　　　　)

3 下の㋐～㋓の三角形について，次の問いに答えなさい。（各15点）

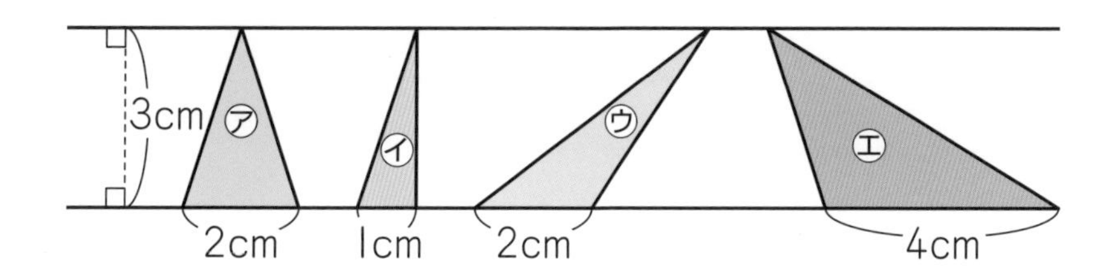

1 面積がいちばん小さい三角形はどれですか。㋐～㋓の中から1つ選び，記号を書きなさい。

（　　　　　）

2 ㋐の三角形と面積が等しい三角形はどれですか。㋑～㋓の中から1つ選び，記号を書きなさい。

（　　　　　）

4 右の図で，色がついている部分の面積を求めなさい。（20点）

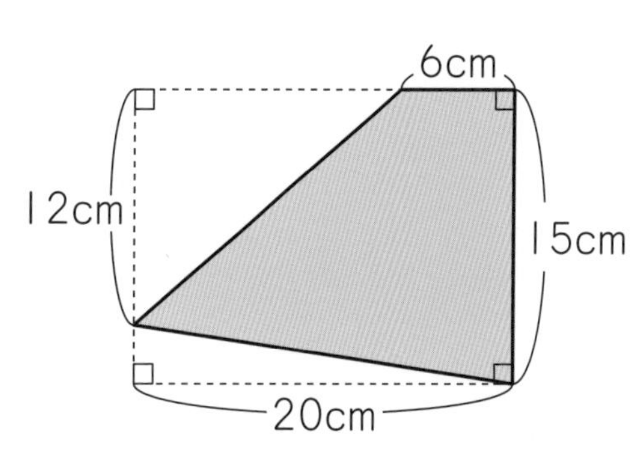

（　　　　　）

22 図形

台形の面積

学習日　　月　　日

得点　　／100点

1 次の台形の面積を求めなさい。(各 10 点)

①

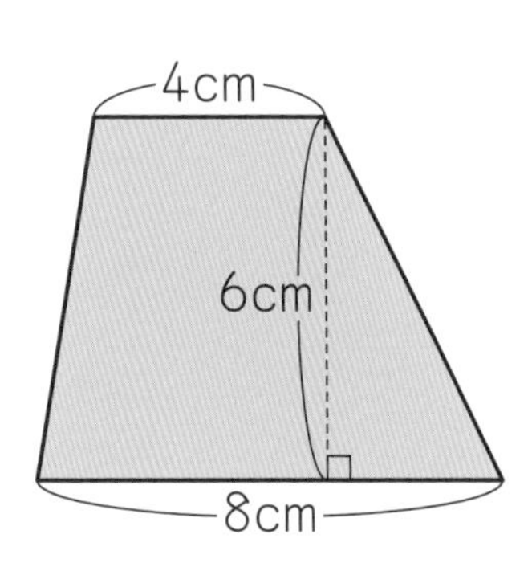

(　　　　　　)

②

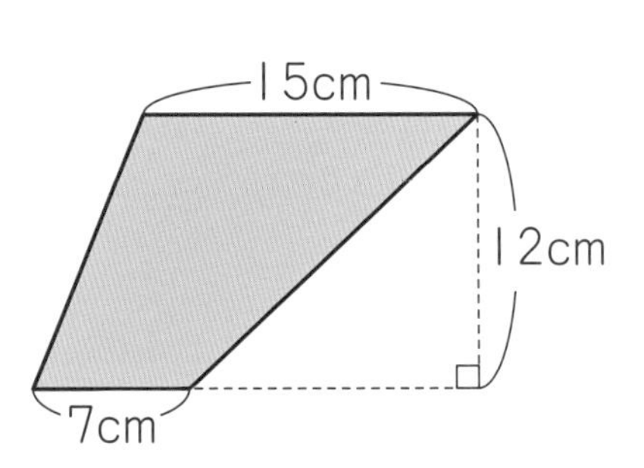

(　　　　　　)

③

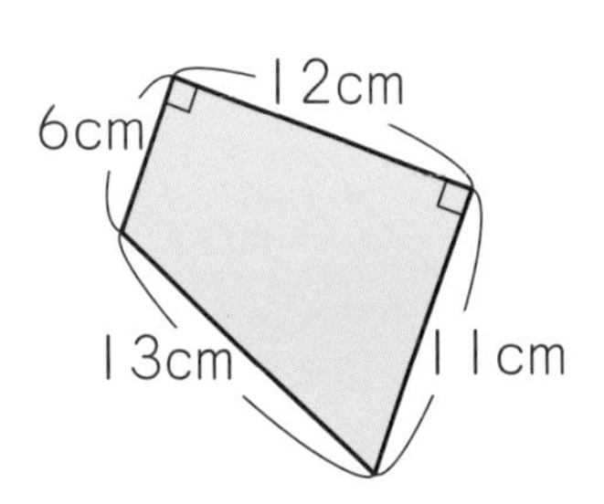

(　　　　　　)

④

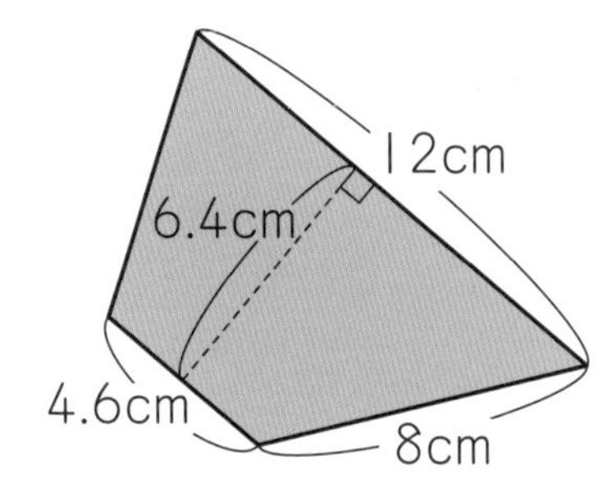

(　　　　　　)

2　底辺の長さが15cm，高さが4.2cmの平行四辺形と面積が等しい，右の図のような台形ＡＢＣＤがあります。このとき，直線ＥＦの長さは何cmですか。(20点)

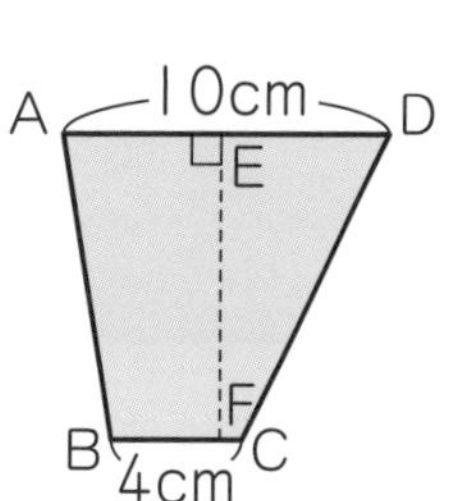

(　　　　　)

3　下の図のように２本の平行な直線の間に，４つの図形があります。それぞれ面積が小さい順にならべ，記号を書きなさい。(各20点)

1

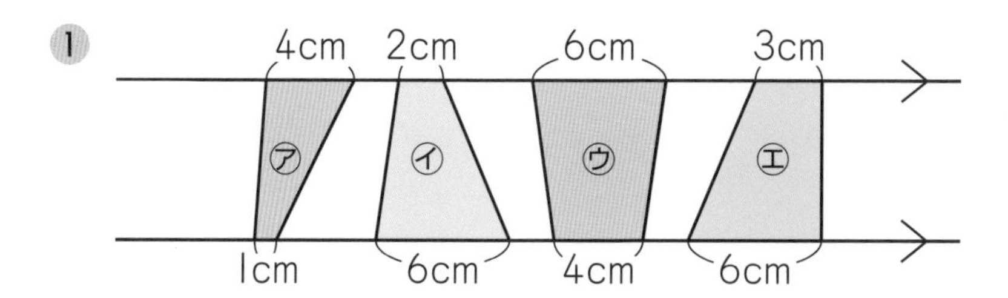

(　　→　　→　　→　　)

2

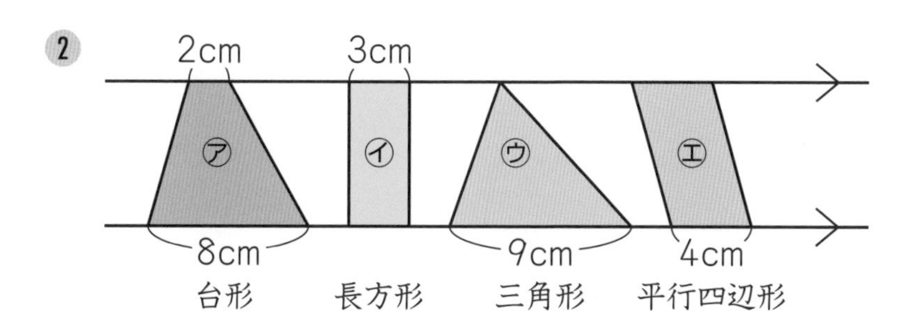

(　　→　　→　　→　　)

23 図形

ひし形の面積

学習日　　月　　日

得点　　／100点

1 次のひし形の面積は何 cm^2 ですか。(各 10 点)

1

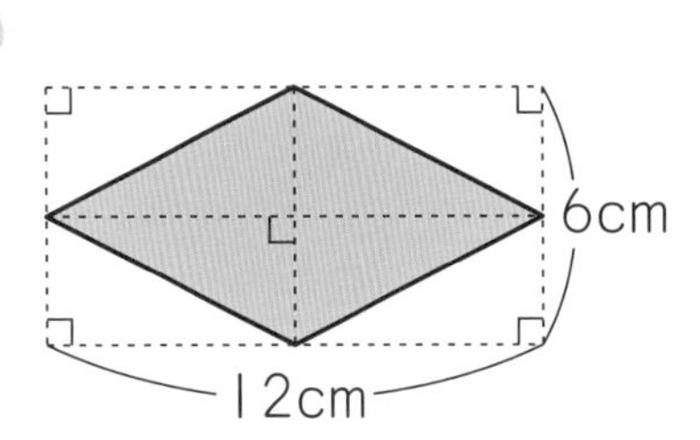

2

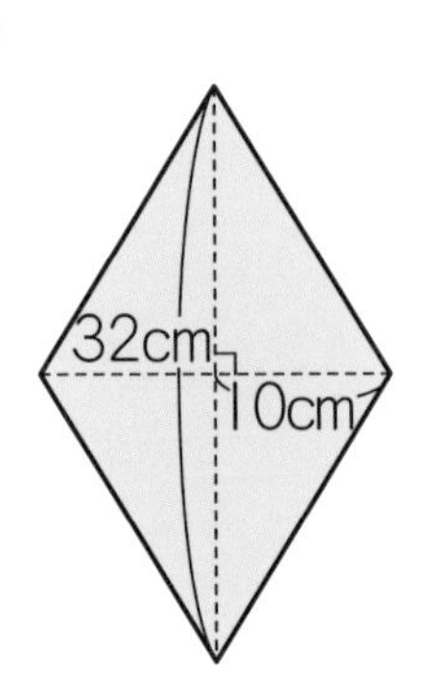

(　　　　　　)　　(　　　　　　)

2 次の図形の色のついた部分の面積は何 cm^2 ですか。(各 20 点)

1

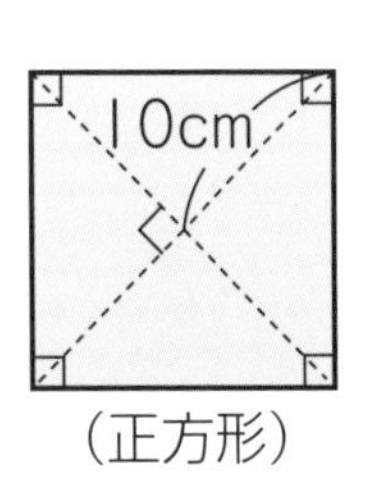

(正方形)

2

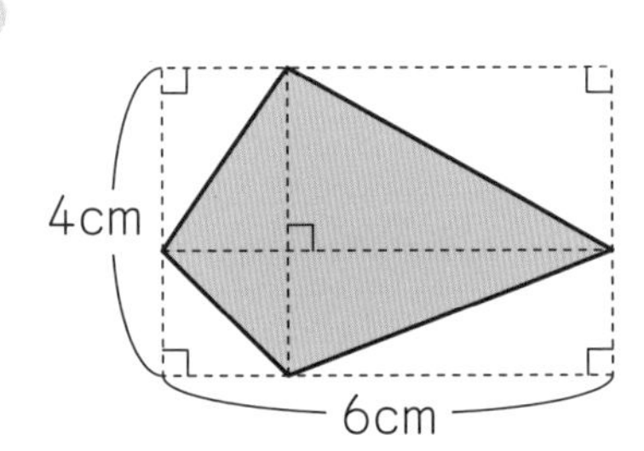

(　　　　　　)　　(　　　　　　)

3　右の図のように，１辺16cmの正方形**アイウエ**があり，辺**アイ**，辺**イウ**，辺**ウエ**，辺**エア**の真ん中の点を結んで正方形をかきます。さらに３回，同じようにして正方形をかいたとき，次の問いに答えなさい。（各20点）

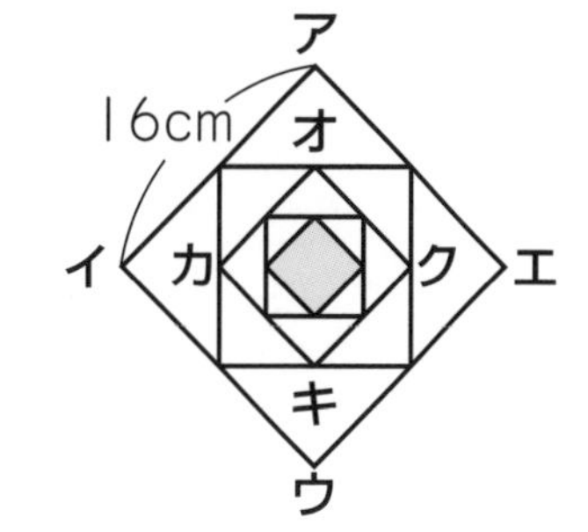

1　正方形**オカキク**の面積は何 cm^2 ですか。

（　　　　　）

正方形アイウエの内側にかいた正方形の面積は，正方形アイウエの面積と比（くら）べてどれくらい小さいのかを考えよう。

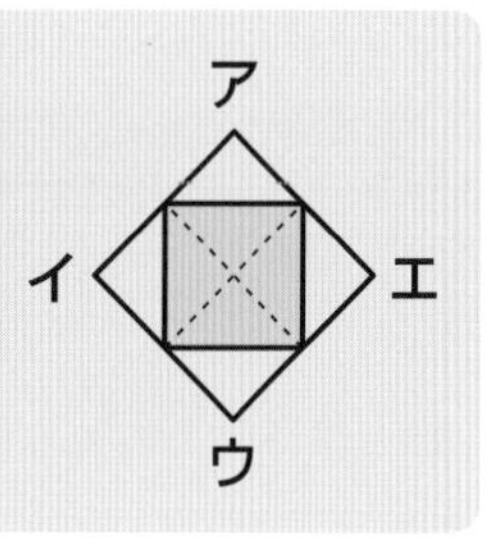

2　色のついた正方形の１辺の長さは何cmですか。

（　　　　　）

24 計算

平均

学習日 月 日

得点 ／100点

1 まもるさん，きょうへいさん，まさふみさん，けいさん，まさよしさんの体重は，右のようになっています。5人の体重の平均は何 kg ですか。

（20 点）

まもる	34.8kg
きょうへい	31.5kg
まさふみ	33.7kg
けい	34.1kg
まさよし	32.4kg

これができるとかっこいい！

ある重さを基準にして，その重さとの差を考える方法を用いれば，簡単な計算で解くことができるよ。

（　　　　　）

2 りえさんが 40 歩歩いて，その長さをはかったら，24.4m でした。このとき，次の問いに答えなさい。（各 20 点）

① りえさんの 1 歩の歩はばは，平均すると何 m ですか。

（　　　　　）

2 りえさんが学校から図書館まで歩いたら670歩ありました。学校から図書館までの道のりは，約何mですか。

（　　　　　　　）

3 りささんとまみこさんが算数のテストを受けました。次の問いに答えなさい。

（各20点）

1 りささんは，算数のテストの結果を下のような表にまとめましたが，4回目の点数がやぶれて見えなくなってしまいました。4回目のテストの点数は何点ですか。

1回目	2回目	3回目	4回目	5回目	6回目	平均
85点	92点	75点		90点	89点	87点

（　　　　　　　）

2 まみこさんの1回目から6回目までの6回のテストの平均点は89点です。1回目から7回目までの7回のテストの平均点を90点以上にするには，7回目のテストで何点以上とればよいですか。

（　　　　　　　）

25 計算 単位量あたり

学習日　　月　　日

得点　　／100点

1 あるお店では，ＡとＢの２種類のジュースが売られています。Ａは２Ｌ４dＬで360円，Ｂは５Ｌ５dＬで770円です。１dＬあたりのねだんで比(くら)べると，どちらのほうが何円高いですか。（10点）

（　　　　　のほうが　　　　　円高い）

2 $4.5m^2$ のかべをペンキでぬるのに９dＬのペンキを使います。このとき，次の問いに答えなさい。（各15点）

① かべ $1m^2$ あたりをぬるのに使うペンキは何dＬですか。

（　　　　　）

② たての長さが2.4ｍの長方形のかべをぬるのに26.4dＬのペンキを使いました。このかべの横の長さは何ｍですか。

（　　　　　）

3 A町，B町，C町の人口と面積を右の表にまとめました。次の問いに答えなさい。

	人口（人）	面積（km^2）
A町	42000	600
B町	27000	540
C町	18000	375

1 A町，B町，C町の人口密度（じんこうみつど）をそれぞれ求めなさい。（各10点）

A町（　　　　　　）

B町（　　　　　　）

C町（　　　　　　）

2 A町は，B町，C町のどちらかと合併（がっぺい）することを考えています。このとき，新しくできる町の人口密度が低くなるのは，どちらの町と合併したときですか。理由を言葉や式で説明したうえで，「B町」「C町」のどちらかを答えなさい。

（各15点）

理由（　　　　　　）

町の名前（　　　　　　）

新しい町の人口と面積は表から求めることができるね。

26 計算 速さ ①

学習日　　月　　日
得点　　／100点

1 次の□にあてはまる数を書き入れなさい。（□ 1つ5点）

① 秒速 8m ＝分速 □ m

② 分速 □ m ＝時速 3.9km

③ 秒速 12.5m ＝分速 □ m ＝時速 □ km

④ 秒速 □ m ＝分速 900m ＝時速 □ km

⑤ 秒速 □ m ＝分速 □ km ＝時速 432km

2 次の問いに答えなさい。(各10点)

❶ 7m80cmを15秒間で進むミニカーの速さは秒速何cmですか。

(　　　　　　　　　　)

❷ 10kmを40分間で走る自転車の速さは分速何mですか。

(　　　　　　　　　　)

❸ 9kmを2時間30分で歩いたときの速さは時速何kmですか。

(　　　　　　　　　　)

❹ 36kmを45分で走る自動車の速さは時速何kmですか。

(　　　　　　　　　　)

3 63kmを3時間で走る自転車と，9.5kmを25分間で進むフェリーがあります。この自転車とフェリーでは，どちらのほうが速いですか。(20点)

(　　　　　　　　　　)のほうが速い。

ヒント
まず，自転車とフェリーの速さをそれぞれ「時速」または「分速」にそろえて表す。

27 計算

速さ ②

学習日　　月　　日
得点　　／100点

1 次の問いに答えなさい。(各10点)

1 時速84kmで走る自動車は，2時間で何kmの道のりを走りますか。

(　　　　　　　)

2 かみなりが光ってから6秒後にかみなりの音が聞こえました。かみなりは何mはなれた所で鳴りましたか。ただし，音が空気中を伝わる速さは秒速340mとし，かみなりは光ると同時に見えたものとします。

(　　　　　　　)

3 1周960mのコースを分速80mで歩くと，1周するのに何分かかりますか。

(　　　　　　　)

4 168kmの道のりを3時間で走る自動車は，294km走るのに何時間何分かかりますか。

(　　　　　　　)

2 次の問いに答えなさい。(各 15 点)

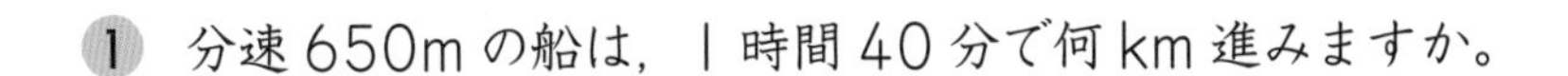

① 分速 650m の船は，1 時間 40 分で何 km 進みますか。

(　　　　　　　　)

② 秒速 200m の飛行機が，1800km 飛ぶのにかかる時間は何時間何分ですか。

(　　　　　　　　)

3 60km はなれている A 市から B 市まで，行きは時速 60km，帰りは時速 40km の速さで往復しました。このとき，次の問いに答えなさい。(各 15 点)

① 往復するのにかかった時間は何時間何分ですか。

(　　　　　　　　)

② 往復したときの平均の速さは時速何 km ですか。

(　　　　　　　　)

28 いろいろな図形の面積

図形

学習日　　月　　日

得点　　／100点

1 次の図の，色がついた部分の面積は何 cm^2 ですか。（各 15 点）

①

（　　　　　　　）

②

四角形ABCDは平行四辺形

（　　　　　　　）

③

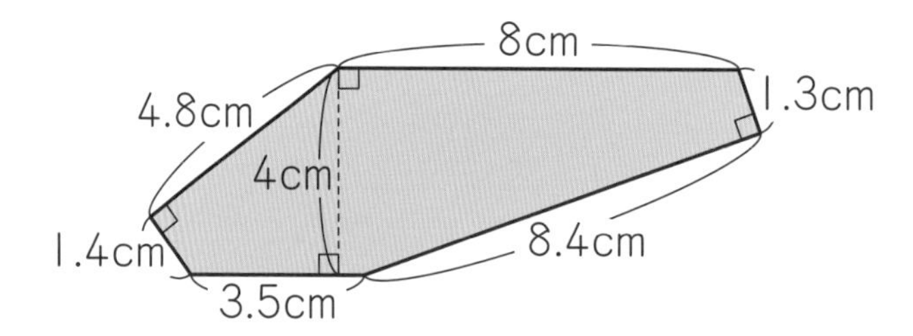

（　　　　　　　）

4

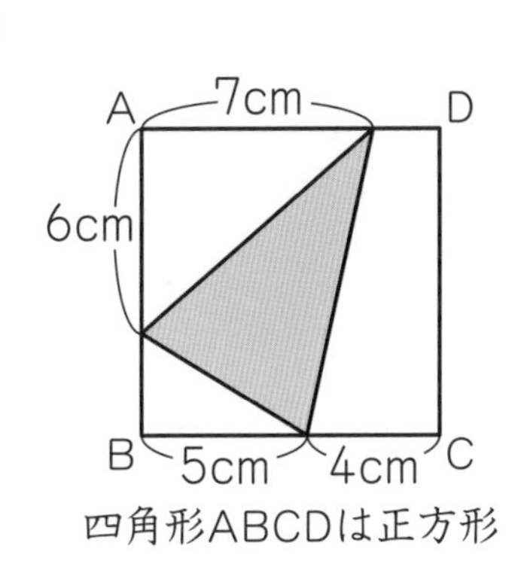

四角形ABCDは正方形

(　　　　　)

5

E　3cm　A　5cm　D

3cm　4cm

B　C

四角形ABCDは平行四辺形

(　　　　　)

2 下の図のように，16個の点がたても横も1cm間隔でならんでいます。この中から4点を選び，その4点を頂点とする正方形を作ります。このとき，面積が$5cm^2$になる正方形を1つかきなさい。(25点)

29 計算 割合①

学習日 月 日

得点 ／100点

1 次の割合について，小数は百分率で，百分率は小数で表しなさい。(各５点)

❶ 0.23

(　　　　　)

❷ 0.7

(　　　　　)

❸ 53%

(　　　　　)

❹ 139%

(　　　　　)

2 次の割合について，小数は歩合で，歩合は小数で表しなさい。(各５点)

❶ 0.18

(　　　　　)

❷ 0.75

(　　　　　)

❸ 3割9分

(　　　　　)

❹ 2割4分6厘

(　　　　　)

3　ある小学校の昨年の５年生の人数は150人，今年の５年生の人数は180人です。また，今年の５年生の人数のうち，男子の割合は５割５分です。このとき，次の問いに答えなさい。

（各20点）

1　今年の５年生の人数は，昨年の人数に対して何％増えましたか。

（　　　　　）

2　今年の５年生の男子の人数は何人ですか。

（　　　　　）

4　大，小の２つの箱に「★」が書かれたカードと，何も書かれていないカードを入れました。２つの箱に入っているカードのまい数は右の表のようになっています。箱の中から１まいだけカードを取り出すとき，「★」のカードが出やすいのは「大の箱」と「小の箱」のどちらですか。（20点）

	「★」が書かれたカードのまい数	何も書かれていないカードのまい数
大	12まい	228まい
小	3まい	47まい

（　　　　　）

箱に入っているカードの合計まい数に対する「★」のカードのまい数の割合が大きいほうが，出やすいといえるよ。

30 計算

割合(わりあい)②

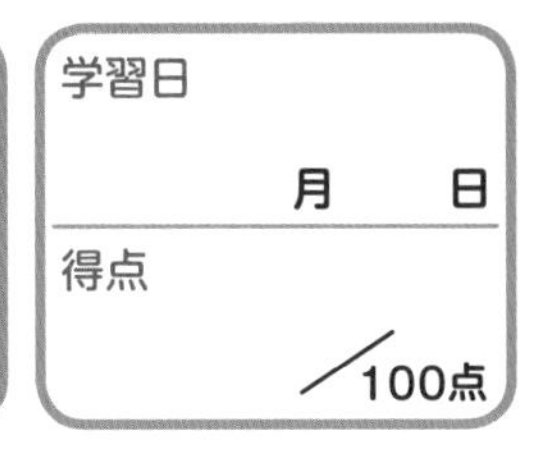

1 落ちる高さに対して，いつも同じ割合ではね上がるボールがあります。このボールを 10m の高さから落としたところ，1 回目に 8m の高さまではね上がりました。このとき，次の問いに答えなさい。

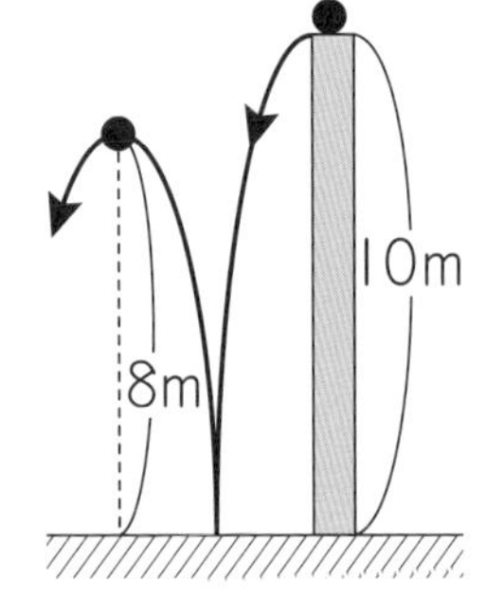

1 このボールがはね上がる割合は，何 % ですか。(10 点)

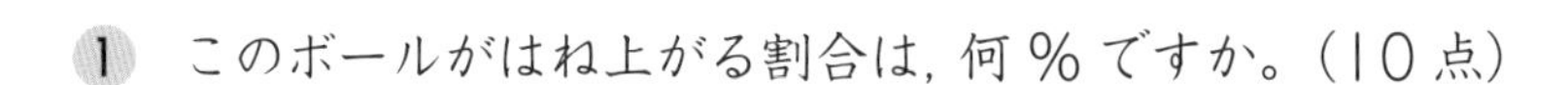

(　　　　　)

2 20m の高さからこのボールを落としたとき，2 回目にはねあがる高さは何 m ですか。(20 点)

(　　　　　)

3 3 回目にはね上がる高さが 6.4m だったとき，最初にボールを落とした高さは何 m ですか。(20 点)

(　　　　　)

2　あるお店のクッキー1箱の仕入れ値は400円です。店長のつかささんは，そのクッキーに30%の利益を見こんで定価をつけました。このとき，次の問いに答えなさい。ただし，消費税は考えないものとします。

1　クッキー1箱の定価は何円ですか。(10点)

(　　　　　)

2　ある日，つかささんは，クッキーを定価の2割引きで売ることにしました。このときのクッキー1箱のねだんは何円ですか。(20点)

(　　　　　)

3　**2**のとき，クッキー1箱に対する利益は，仕入れ値の何%になりますか。(20点)

(　　　　　)

「仕入れ値」「定価」「利益」の意味をきちんと理解していないといけないね。

31 計算 割合とグラフ

学習日　　月　　日
得点　　／100点

1　右の円グラフは，まもるさんの，ある休日 24 時間の過ごし方について，時間の割合を表したものです。次の問いに答えなさい。

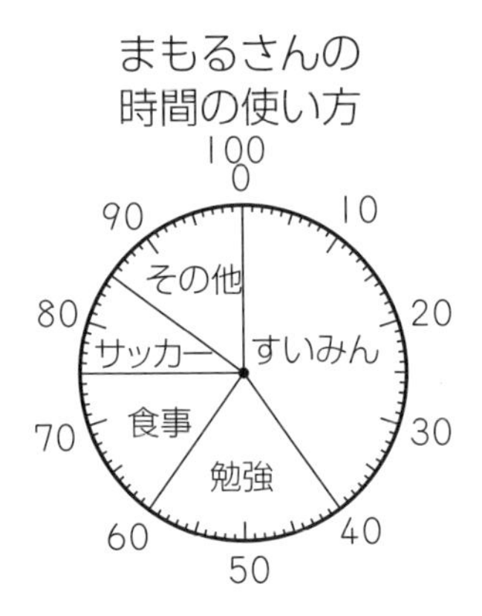

1　すいみんの時間の割合は何％ですか。(15 点)

(　　　　　)

2　勉強とサッカーの時間を合わせると，全体の何割になりますか。(15 点)

(　　　　　)

3　食事の時間は何時間何分ですか。(20 点)

(　　　　　)

2 さくらさんは800円のおこづかいをもらったので，そのお金でおかしを買いに行きました。下の帯グラフは，さくらさんが買ったおかしの代金の割合を表したものです。お金は全部使ったものとして，次の問いに答えなさい。

さくらさんが買ったおかしの代金の割合

チョコレート	クッキー	せんべい	ガム

0　10　20　30　40　50　60　70　80　90　100%

① それぞれのおかしの代金は何円ですか。（各10点）

チョコレート（　　　　　　）

クッキー（　　　　　　）

せんべい（　　　　　　）

ガム（　　　　　　）

② 帯全体の長さを25cmとすると，クッキーの部分は何cmですか。（10点）

円グラフや帯グラフは，全体に対するそれぞれの部分の割合を見たり，部分ごとの割合を比（くら）べたりするのに便利だよ。

32 計算 逆算（ぎゃくさん）

学習日	月　日
得点	／100点

1 次の□にあてはまる数を書き入れなさい。（各10点）

① $\square \times 4 - 24 = 44$

② $15 + \square \div 7 = 26$

③ $3.5 \times \square \div 0.8 = 10.5$

④ $\square \times 4.8 + 0.56 = 2$

ふつうに計算するときと逆の順序（じゅんじょ）で計算していけばいいね。

2 次の□にあてはまる数を書き入れなさい。(各 20 点)

❶ $15 \times (3 + \square) - 15 = 60$

❷ $(1.4 + \square \times 2) \div 0.41 = 20$

❸ $15.6 - (\square + 4.4 \times 8.2) \div 3 = 3.24$

知っていたらかっこいい! **中かっこと大かっこ**

かっこには,( )の他にも,

{ }…中かっこ,[ ]…大かっこ

があるよ。1 つの式の中でこれらのかっこも使われていた場合は,

( )の中→ { }の中→ [ ]の中

の順に計算するんだよ。

右上の式を計算すると,答えは 28 になるよ。確認(かくにん)しておこう。

$4 \times [3 + \{2 \times (1 + 1)\}]$

①: $(1 + 1)$
②: $\{2 \times (1 + 1)\}$
③: $[3 + \{2 \times (1 + 1)\}]$
④: $4 \times [3 + \{2 \times (1 + 1)\}]$

33 図形

円周の長さ ①

学習日	月 日
得点	/100点

1 次の円の円周の長さは何 cm ですか。ただし，円周率（えんしゅうりつ）は 3.14 とします。

(各 10 点)

①

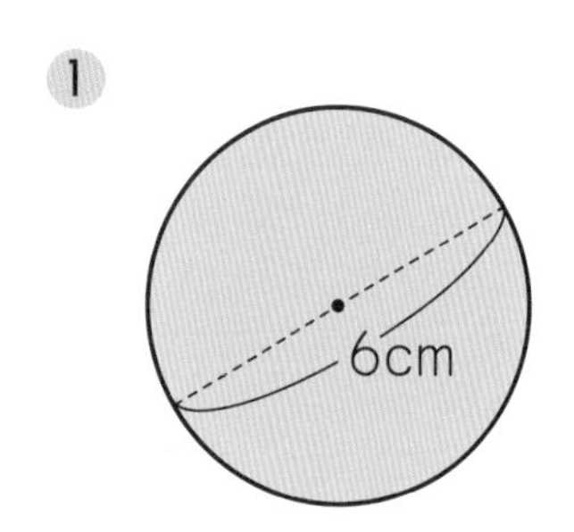

②

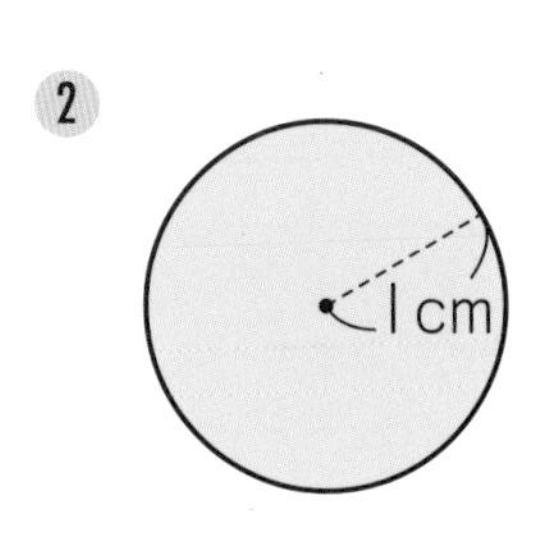

( )　　( )

2 下の図のまわりの長さは何 cm ですか。ただし，円周率は 3.14 とします。

(各 15 点)

①

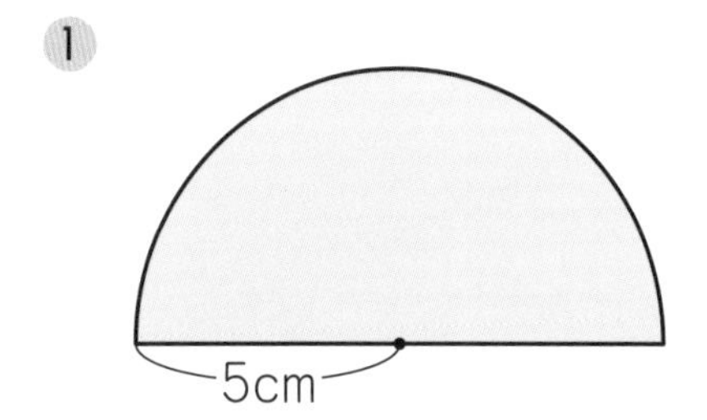

②

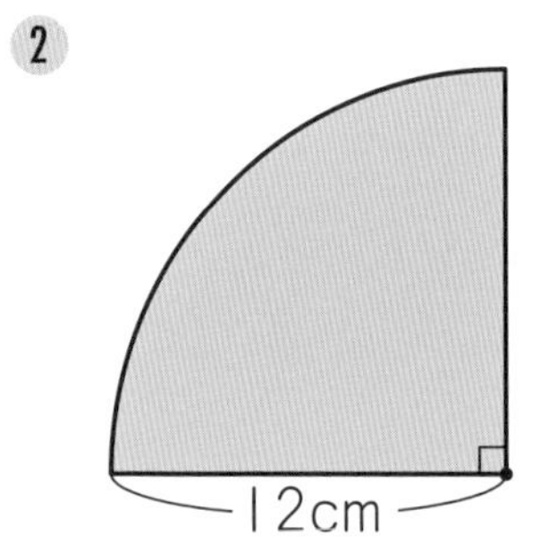

( )　　( )

3 校庭に，まわりの長さが94.2mの円をかきました。円周率を3.14として，次の問いに答えなさい。(各15点)

❶ この円の直径は何mですか。

(　　　　　)

❷ まわりの長さを3倍にしたいとき，直径は何倍にすればよいですか。

(　　　　　)

4 右の図の色がついた部分のまわりの長さを求めなさい。ただし，円周率は3.14とします。(20点)

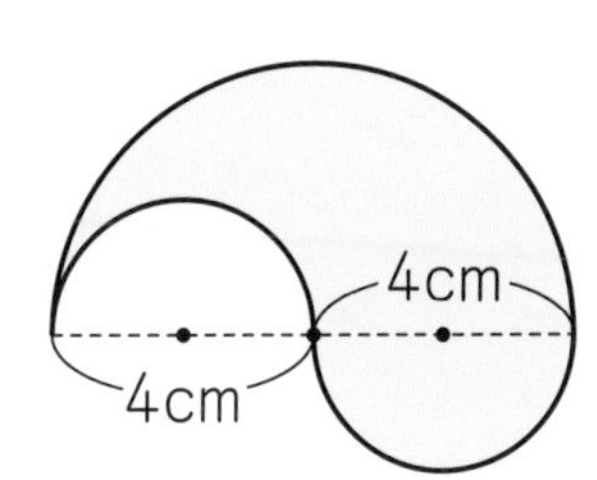

(　　　　　)

ヒント

右の図のように太い線と細い線に分けて，それぞれ長さを考えよう。

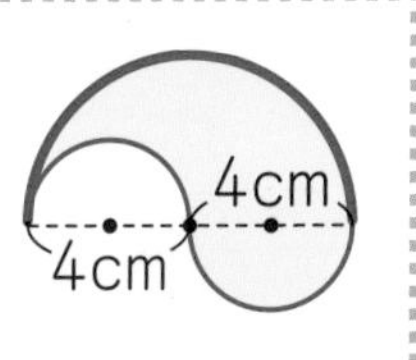

34 図形

円周の長さ ②

学習日　月　日
得点　／100点

1　さやかさんは，愛犬のモモと散歩するのが毎日の楽しみです。ある日，さやかさんはモモとの散歩中にのどがかわいたため，モモをくいにつないでジュースを買いに行きました。

① モモをつないでいるひもの長さを3mとします。モモが，ひもを張(は)ったままくいのまわりを1周したとき，どのように動きましたか。動いたあとを，コンパスを使って，下の図に線で書きこみなさい。(30点)

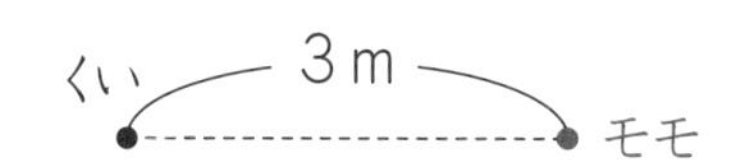

これができるとかっこいい！

モモとくいの間のきょりは，いつも3mだね。このことから，モモがどのように動くかを考えてみよう。

2 **1**のとき，モモが動いた長さは何mですか。円周率（えんしゅうりつ）を3.14とし，くいの太さは考えないものとして求めなさい。（35点）

（　　　　　　　　）

さやかさんはジュースを買ってきて，散歩の続きを始めました。公園を歩いていると，友達のさきさんに会ったので，モモを右の図のような正方形のさくのかどにつないで，ベンチでお話しすることにしました。

3 モモが，ひもを張ったままさくのまわりを下の太線のように動きました。

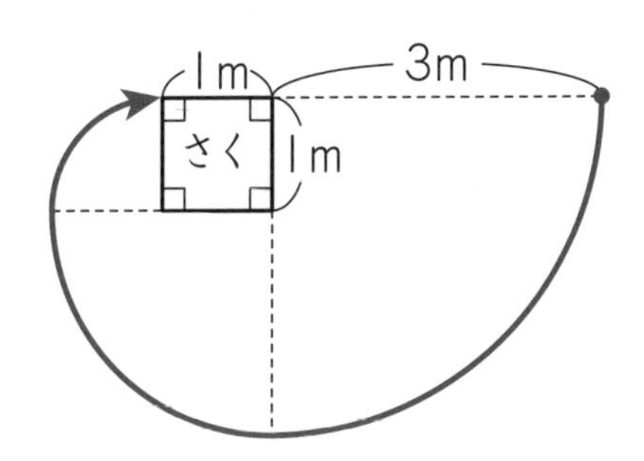

このとき，モモが動いた長さは何mですか。ただし，円周率は3.14とします。

（35点）

（　　　　　　　　）

図形

等積変形(とうせきへんけい) ①

1 次の長方形ＡＢＣＤは，たてと横の長さはわかっていませんが，面積は，31 cm^2 だとわかっています。このとき，色のついた三角形の面積は何 cm^2 ですか。

（30 点）

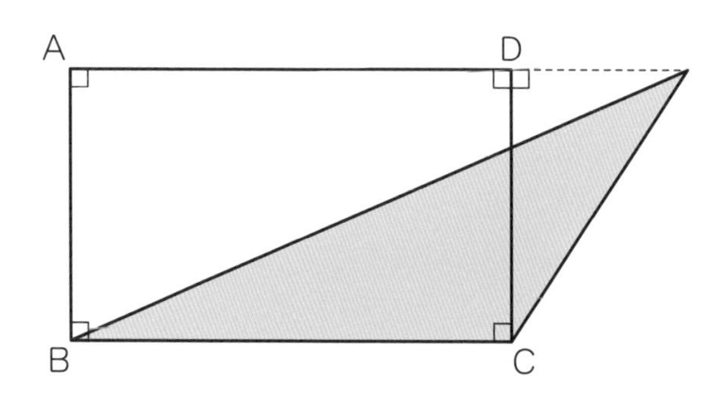

（　　　　　　　）

知っていたらかっこいい！

等積変形(とうせきへんけい)

右の図のように直線㋐と直線㋑が平行であるとき，三角形ＡＢＣの面積と三角形ＤＢＣの面積は等しいよ。これを利用すれば，三角形ＡＢＣの面積のまま，形だけを三角形ＤＢＣに変えることができるね。

このように，ある図形を面積が等しい他の図形に形を変えることを等積変形(とうせきへんけい)というんだ。等積変形をすれば，簡単(かんたん)に面積を求められる問題があるから，ぜひマスターしておこう！

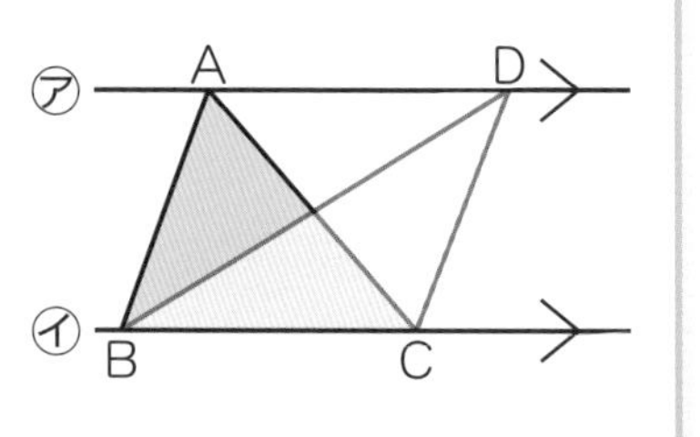

次のページでも，等積変形を利用する問題をしょうかいするよ！

2　下の図のような長方形があります。このとき，色がついている部分の面積は何 cm^2 ですか。(30 点)

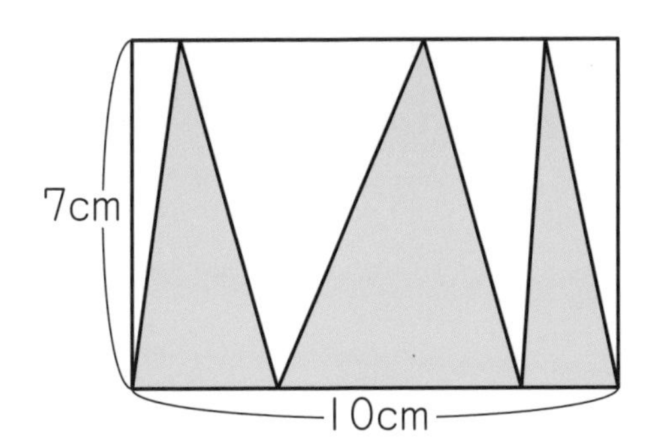

(　　　　　　)

3　下の図のような長方形ＡＢＣＤがあります。点Ｅ，点Ｆは辺ＡＢ，辺ＣＤをそれぞれ二等分した点です。このとき，色がついている部分の面積は何 cm^2 ですか。

(40 点)

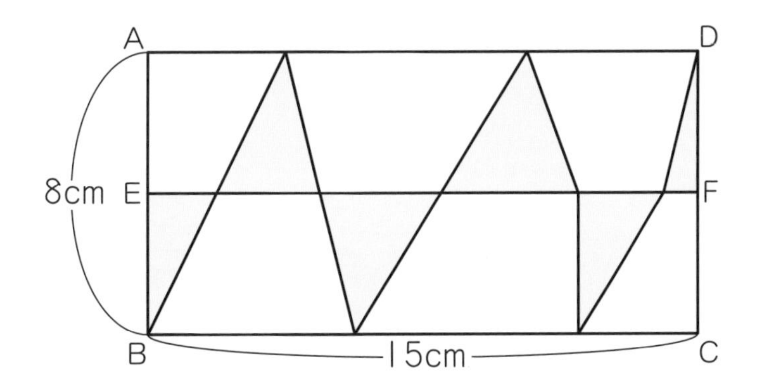

(　　　　　　)

36 図形 等積変形（とうせきへんけい） ②

1 右の図のような平行四辺形ＡＢＣＤがあります。色のついた部分の面積は何 cm^2 ですか。（20 点）

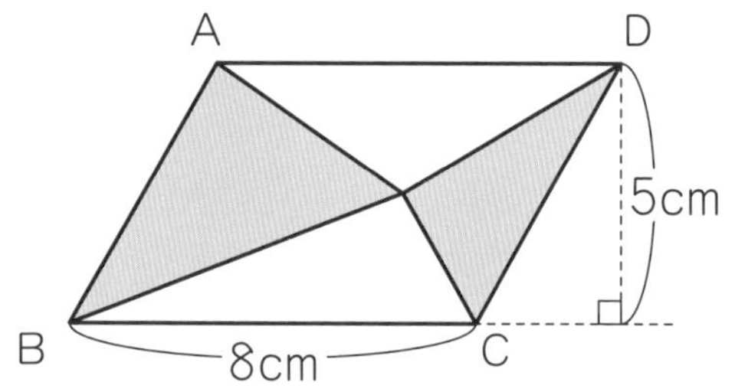

（　　　　）

2 右の図で，直線ＡＥと直線ＤＢは平行です。このとき，四角形ＡＢＣＤの面積は何 cm^2 ですか。（20 点）

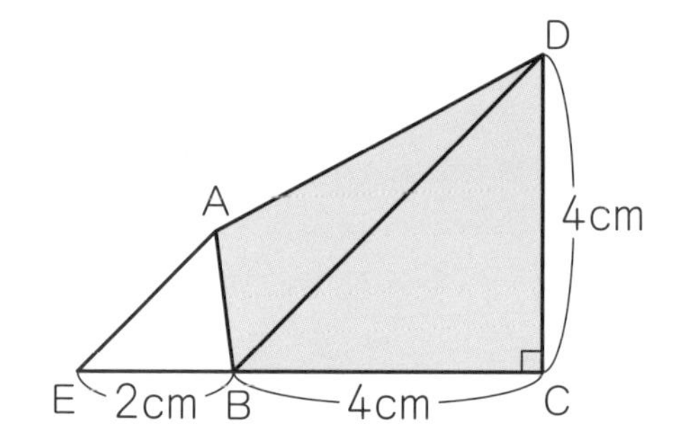

（　　　　）

3 右の図のような台形ＡＢＣＤがあります。色のついた三角形ＣＤＥの面積が 30cm^2 であるとき，次の問いに答えなさい。(各 20 点)

1 三角形ＡＢＥの面積は何 cm^2 ですか。

これができるとかっこいい！

台形ＡＢＣＤの辺ＡＤと辺ＢＣは平行だね。このことに注目して，三角形ＣＤＥを等積変形してみよう。

(　　　　　　)

2 直線ＢＥの長さは何 cm ですか。

(　　　　　　)

3 台形ＡＢＣＤの面積は何 cm^2 ですか。

(　　　　　　)

37 図形 正多角形の性質（せいしつ）

1 次のⓐ，ⓘの正多角形について，次の問いに答えなさい。

ⓐ
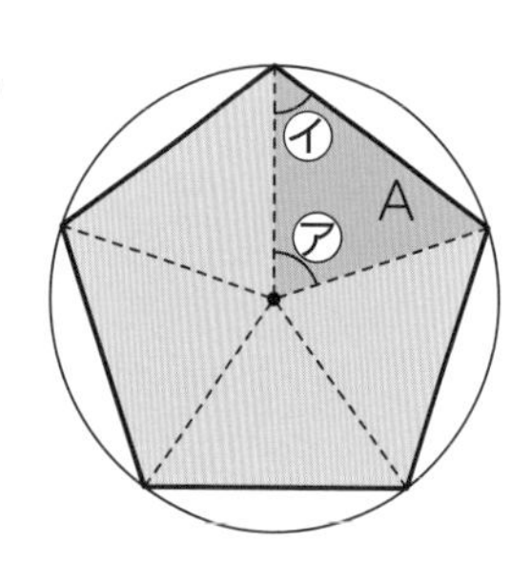

ⓘ
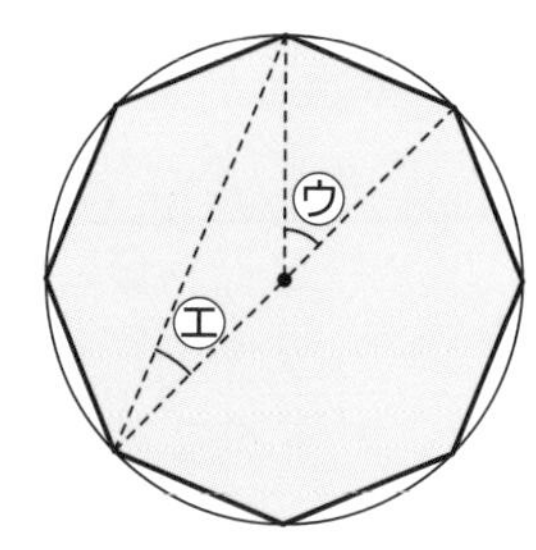

1 ⓐ，ⓘの図形の名前を書きなさい。(各１０点)

ⓐ（　　　　　　） ⓘ（　　　　　　）

2 Ａの三角形の名前を書きなさい。(１０点)

（　　　　　　）

3 ㋐～㋓の角度を求めなさい。(各５点)

㋐（　　　　　　）㋑（　　　　　　）

㋒（　　　　　　）㋓（　　　　　　）

2 次のア～エのうち，正しいものをすべて選び，記号を書きなさい。（10点）

ア 角の大きさがすべて等しい多角形は，正多角形である。
イ 正方形は，正多角形である。
ウ 正十二角形の頂点（ちょうてん）を１つおきに直線で結ぶと，正二十四角形ができる。
エ 円周を７等分した点を順番に直線で結ぶと，正七角形ができる。

（　　　　　　　　　　）

3 右の図のように，正方形，円，正六角形があります。正方形の１辺の長さが10cmのとき，次の問いに答えなさい。（各20点）

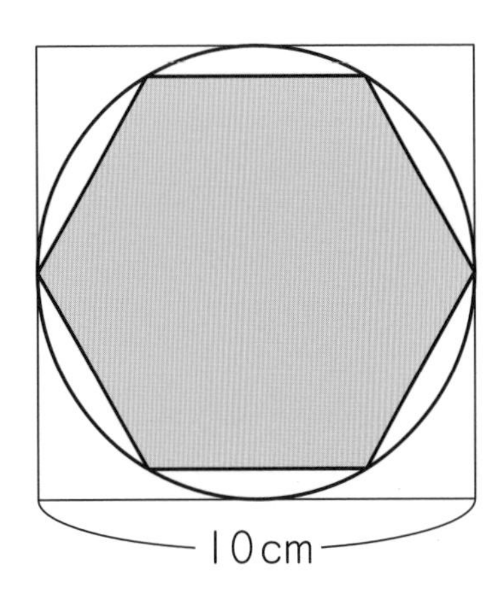

1 正六角形のまわりの長さは何cmですか。

（　　　　　　）

2 円周の長さは何cmですか。ただし，円周率（えんしゅうりつ）は3.14とします。

（　　　　　　）

38

図形

多角形の角度

学習日　　月　　日

得点　　／100点

1 次の㋐，㋑の角の大きさをそれぞれ求めなさい。（各 15 点）

1

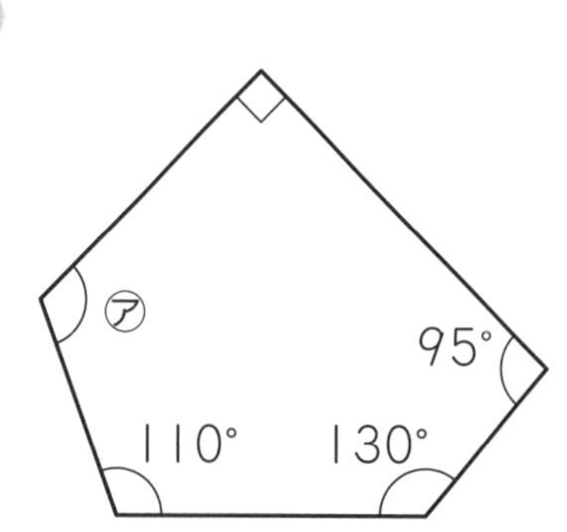

（　　　　　　）

2

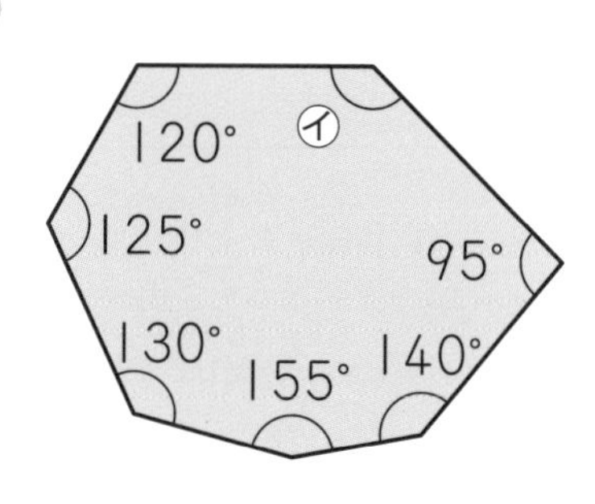

（　　　　　　）

2 次の正多角形について，あ，いの角の大きさをそれぞれ求めなさい。（各 15 点）

1 正五角形

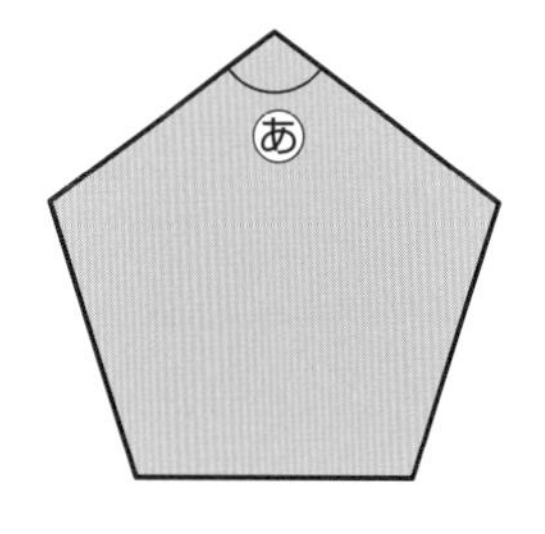

（　　　　　　）

2 正九角形

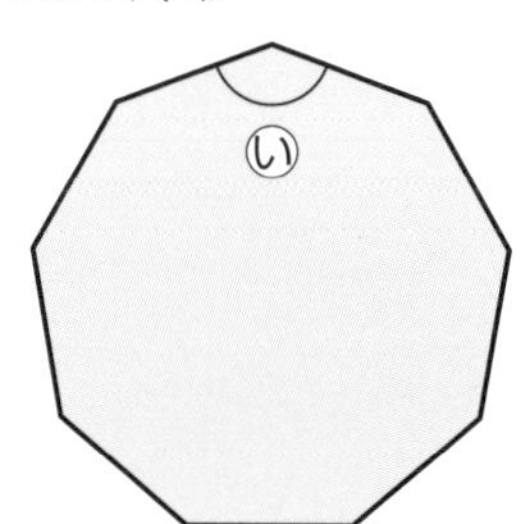

（　　　　　　）

3　正方形と正六角形を組み合わせた，右のような図形があります。このとき，㋐，㋑の角の大きさをそれぞれ求めなさい。（各20点）

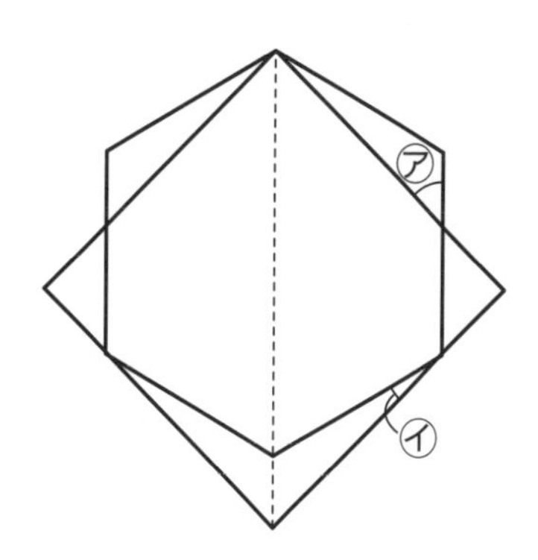

多角形の角の大きさの和

多角形の角の大きさの和は，次の式で求めることができるよ。

多角形の角の大きさの和＝180°×（頂点（ちょうてん）の数－2）

多角形は，1つの頂点から引いた対角線で，（頂点の数－2）個（こ）の三角形に分けることができるから，上の式で角の大きさの和が求められるんだよ。

三角形　四角形　五角形　六角形

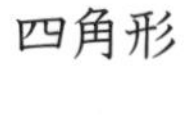

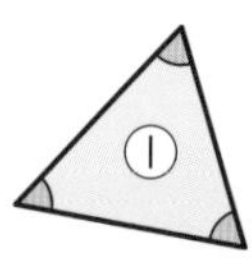

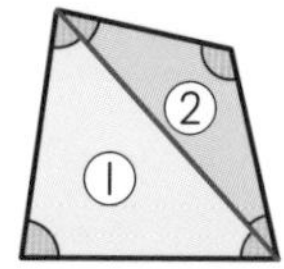

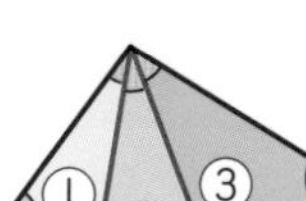

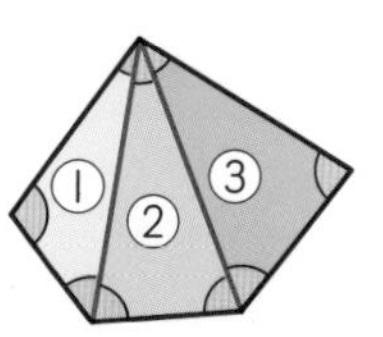

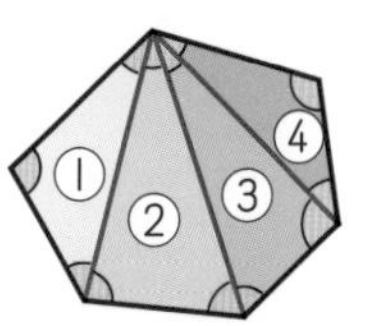

39 図形 多角形の対角線

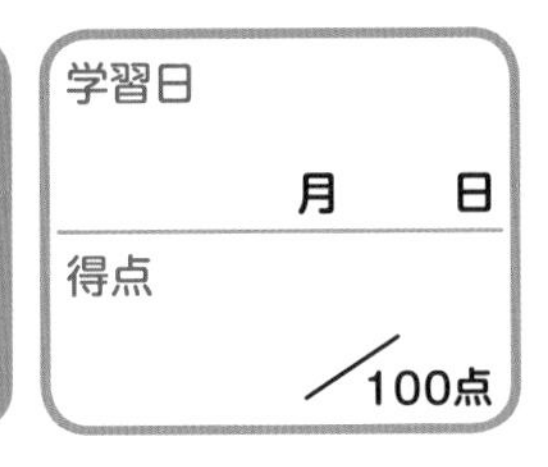

1 多角形の頂点(ちょうてん)の個数(こすう)と対角線の本数について調べます。次の問いに答えなさい。

1 四角形，五角形，六角形のそれぞれについて，頂点の個数と対角線の本数を下の表にまとめなさい。（各５点）

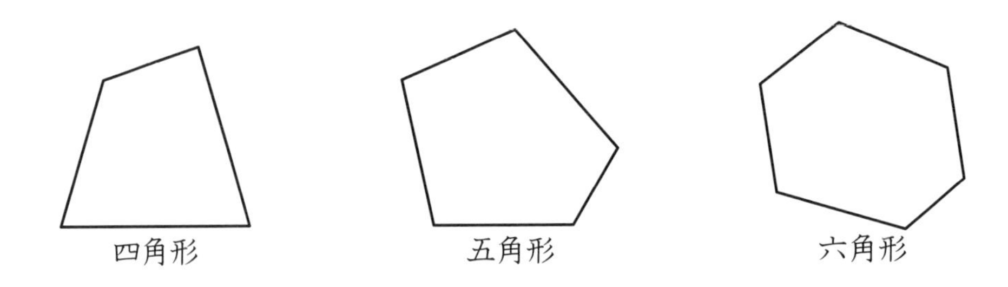

多角形	四角形	五角形	六角形
頂点の数（個）	㋐	㋒	㋔
対角線の数（本）	㋑	㋓	㋕

2 七角形の対角線は何本ですか。（20点）

（　　　　）

2 二十角形について，次の問いに答えなさい。

❶ ｜つの頂点から引ける対角線は何本ですか。（25 点）

（　　　　　）

｜つの頂点から対角線を引くとき，その頂点と両どなりの頂点には対角線は引けないから…？

❷ 二十角形の対角線は何本ですか。（25 点）

（　　　　　）

知っていたら かっこいい！ **多角形の対角線の本数**

多角形の対角線の本数は，

（頂点の個数－ 3）×頂点の個数÷ 2

で求めることができるよ。

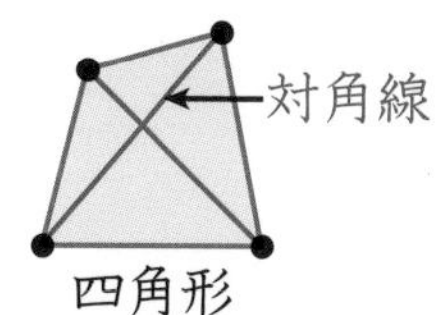

四角形

五角形

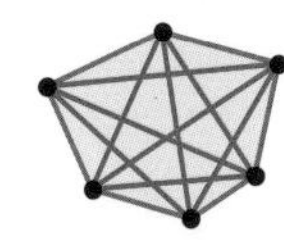

六角形

40 計算 速さの応用

学習日　　月　　日
得点　　／100点

1　かずやさんとりささんが，1500m はなれたところから同時に向かい合って出発しました。かずやさんが分速 70m，りささんが分速 55m で進むとき，次の問いに答えなさい。

1　2 人の間の道のりは，1 分間に何 m ずつ縮(ちぢ)まりますか。（10 点）

（　　　　　　）

2　出発してから 2 人が出会うまでにかかる時間は何分ですか。（15 点）

（　　　　　　）

2　きょうへいさんの家からゆうこさんの家までの道のりは 2.4km です。今，きょうへいさんが家からゆうこさんの家のほうに向かって分速 65m で進み始めました。その 4 分後に，ゆうこさんも家からきょうへいさんの家のほうに向かって分速 42m で進み始めます。このとき，次の問いに答えなさい。（各 15 点）

1　ゆうこさんが進み始めてから 2 人が出会うまでにかかる時間は何分ですか。

（　　　　　　）

2　2 人は，きょうへいさんの家から何 m はなれたところで出会いますか。

（　　　　　　）

3 まもるさんとさくらさんが同じ場所にいます。まもるさんが分速75mで出発してから15分後に，さくらさんが分速225mでまもるさんを追いかけました。このとき，次の問いに答えなさい。(各10点)

1 さくらさんが出発したとき，まもるさんとさくらさんの間の道のりは何mでしたか。

(　　　　　　　)

2 さくらさんが出発したあと，まもるさんとさくらさんの間の道のりは1分間に何mずつ縮まりますか。

(　　　　　　　)

3 さくらさんがまもるさんに追いつくまでにかかる時間は何分何秒ですか。

(　　　　　　　)

4 まわりの長さが400mの池があり，つかささんとみきさんが池のまわりに沿(そ)って同じ方向に進みます。つかささんの速さが分速95m，みきさんの速さが分速65mのとき，2人が同時に同じ場所を出発してからつかささんがみきさんをはじめて追いこすまでにかかる時間は何分何秒ですか。(15点)

(　　　　　　　)

41 図形 角柱

学習日　　月　　日

得点　　／100点

1 右の図のような角柱について，次の問いに答えなさい。(各１０点)

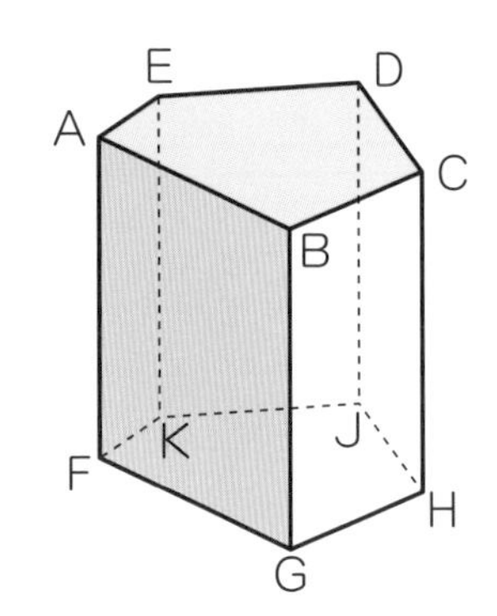

(1) この立体の名前を書きなさい。

(　　　　　　　　)

(2) 面ＡＢＣＤＥに平行な面を答えなさい。

(　　　　　　　　)

(3) 面ＡＦＧＢに垂直(すいちょく)な面をすべて答えなさい。

(　　　　　　　　)

(4) 辺ＣＨに平行な辺は何本ありますか。

(　　　　　　　　)

2 いろいろな角柱の面の数や頂点(ちょうてん)の数，辺の数を調べます。次の問いに答えなさい。

1 六角柱の面の数，頂点の数，辺の数について，次の□にあてはまる言葉や数を書き入れなさい。（各3点）

六角柱の底面の形は，㋐□です。側面の数は底面の辺の数と同じなので，㋑□つあります。さらに，底面は2つあるので，六角柱の面の数は，㋒□＋2＝㋓□（つ）

また，角柱の頂点の数は，2つの底面にある頂点の数と同じです。六角柱の1つの底面には，頂点が㋔□個(こ)あるので，六角柱の頂点の数は，

㋕□×2＝㋖□（個）

さらに，六角柱の底面には，辺が㋗□本あり，六角柱の2つの底面を結ぶ辺は，1つの底面の頂点の数と同じだけあるので，六角柱の辺の数は，

㋘□×2＋㋙□＝㋚□（本）

2 三角柱，四角柱，七角柱の面の数，頂点の数，辺の数について，下の表のあいているところにあてはまる数を書き入れなさい。（各3点）

	面の数（つ）	頂点の数（個）	辺の数（本）
三角柱			
四角柱			
七角柱			

知っていたらかっこいい！

角柱の面の数，頂点の数，辺の数の求め方

角柱の面の数，頂点の数，辺の数は，下の式で求めることができるよ。

面の数＝1つの底面の辺の数＋2
頂点の数＝1つの底面の辺の数×2
辺の数＝1つの底面の辺の数×3

42 図形 立体の展開図 ①

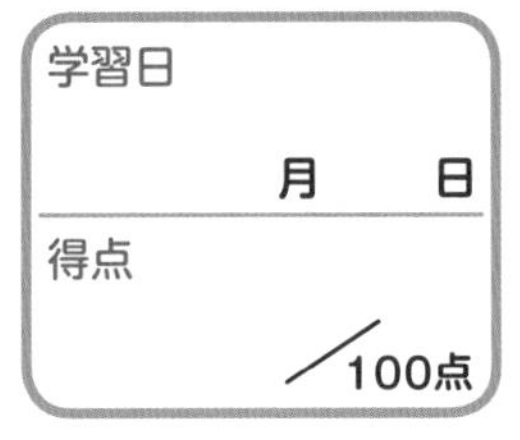

1 右の図は，ある立体の展開図です。この展開図を組み立ててできる立体について，次の問いに答えなさい。(各 20 点)

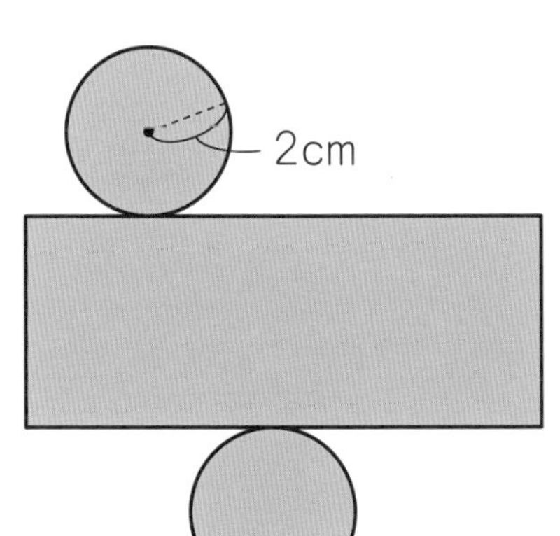

1 この立体の名前を書きなさい。

(　　　　　　　　)

2 この立体の高さが 5cm のとき，側面の面積は何 cm^2 ですか。ただし，円周率は 3.14 とします。

(　　　　　　　　)

知っていたらかっこいい！ **立体に関するいろいろな面積**

1 2 で求めたような，立体の側面の面積を側面積といいます。
また，底面 1 つ分の面積を底面積，立体のすべての面の面積の合計を表面積といいます。表面積は，立体の展開図全体の面積と等しくなります。

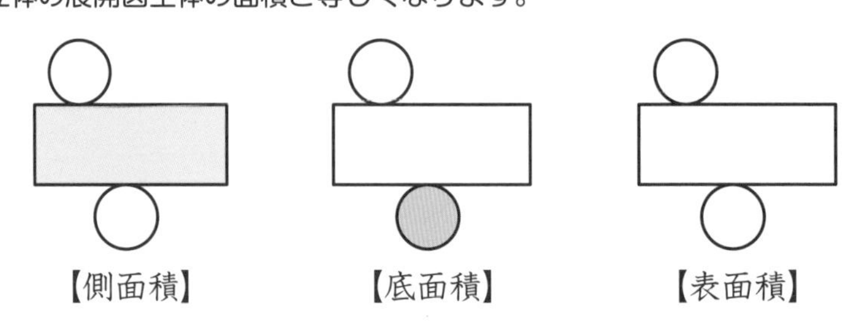

2 右の図は，ある立体の展開図です。この展開図を組み立ててできる立体について，次の問いに答えなさい。(各 15 点)

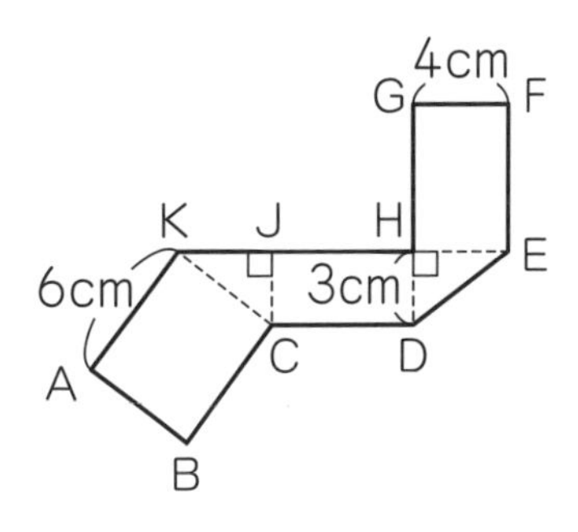

1 この立体の名前を書きなさい。

(　　　　　　　　　)

2 点Aと重なる点を求めなさい。

(　　　　　)

3 辺FGと重なる辺を答えなさい。

(　　　　　)

4 この立体の体積は何 cm^3 ですか。

第 12 回で，同じような立体の体積の求め方を学習したね。

(　　　　　)

43 図形 立体の展開図 ②

1 ｜辺が10cmの立方体の箱に, 右の図のようにリボンをかけました。

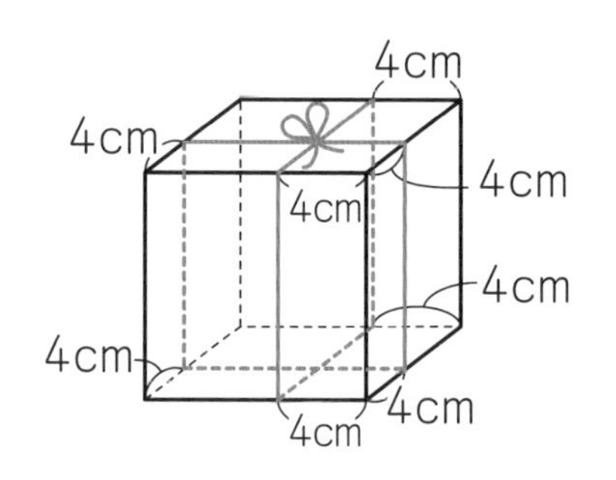

❶ リボンが通るところを線にして, 立方体の箱の展開図で考えます。下の図は, 結び目がある面のリボンの通る線をかいたものです。続きをかき入れなさい。(20点)

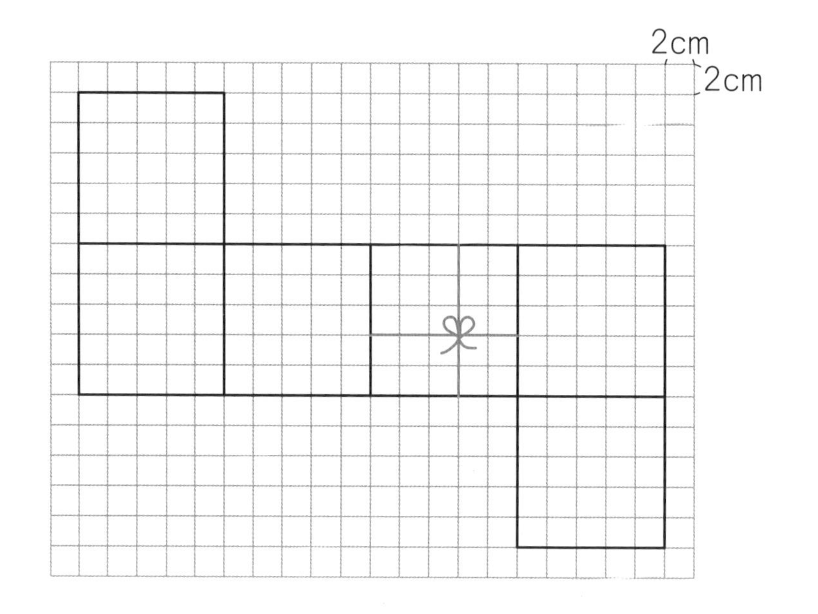

❷ この立方体の箱にリボンをかけるのに, 何cmのリボンが必要ですか。ただし, リボンの結び目に30cm使うものとします。(30点)

(　　　　　)

2　下の**図 1** のように，とうめいなプラスチックで作った三角柱があり，面**アイウ**と面**イオカウ**上に矢印がかかれています。この矢印を，三角柱の展開図（**図 2**）にかき入れなさい。(20 点)

図 1

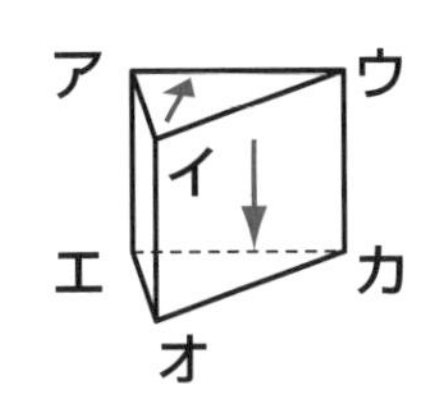

図 2

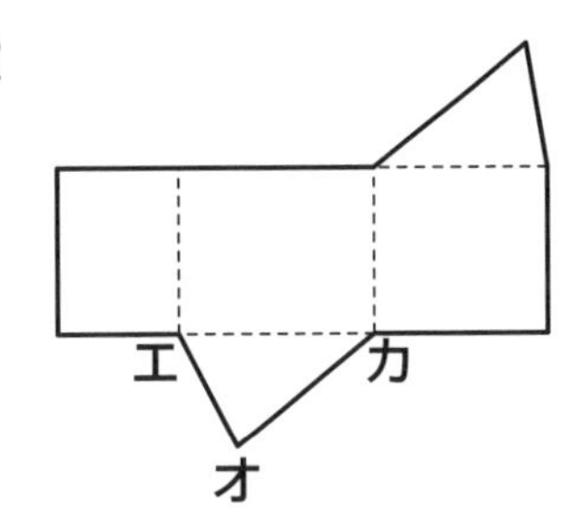

3　下の**図 1** のように，円柱の側面にひもをまきつけます。ひもの長さが最も短くなるように円柱の側面を 3 周させたとき，ひもの通る線を，円柱の展開図（**図 2**）にかき入れなさい。(30 点)

図 1

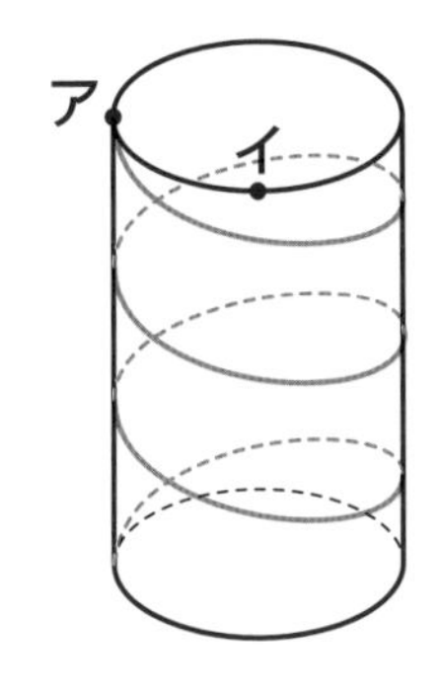

図 2

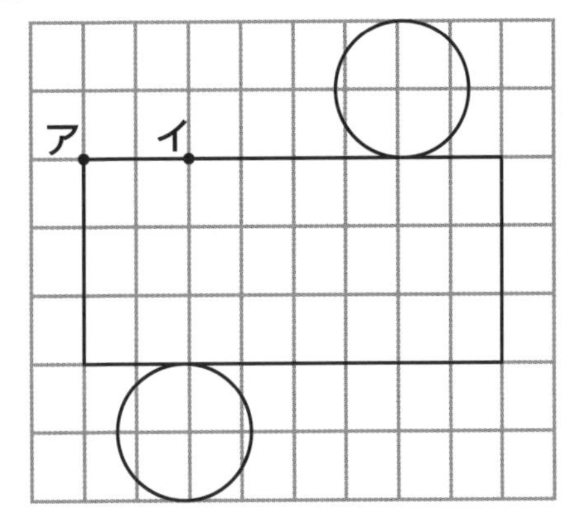

円柱の見取図を展開する様子をイメージできるかどうかがポイントだね。

44 図形 図形総復習

学習日　月　日
得点　／100点

1 角あ，いの大きさを計算で求めなさい。（各 15 点）

1
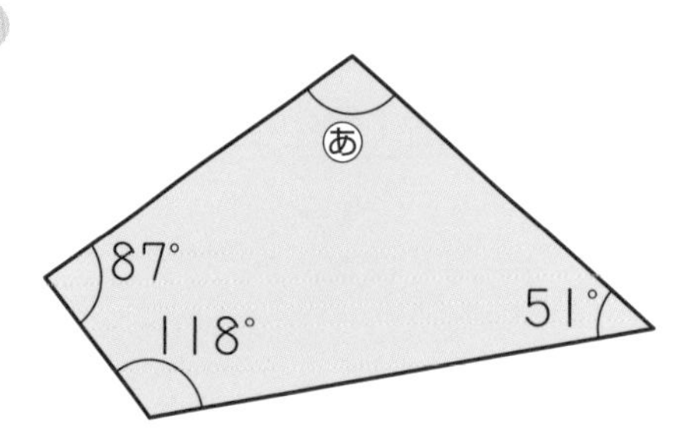

2
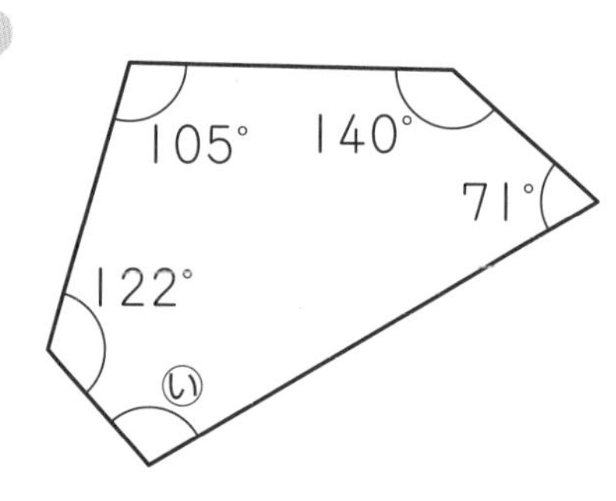

（　　　　）　（　　　　）

2 次の立体の体積は何 cm^3 ですか。（各 15 点）

1
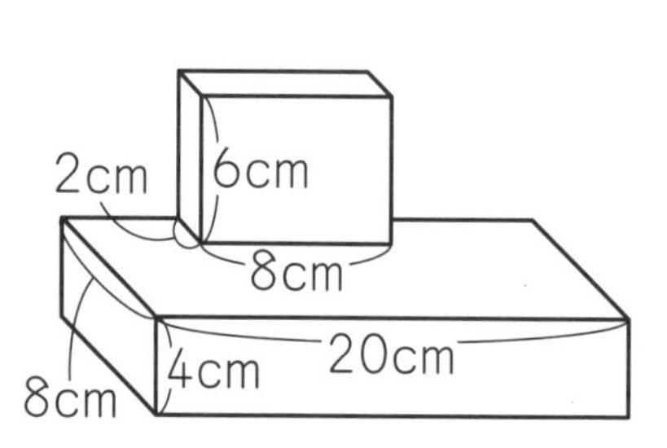

2
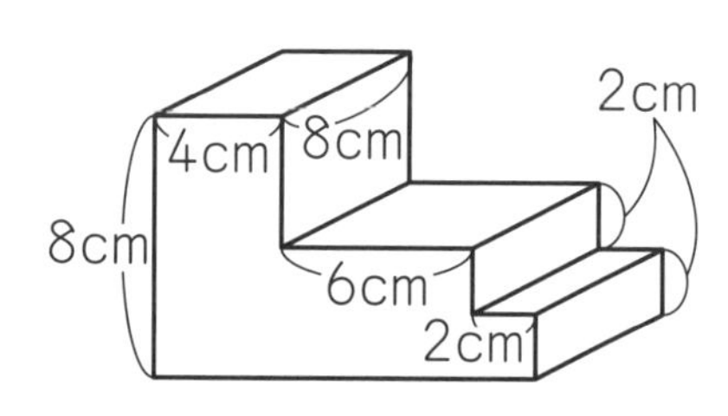

（　　　　）　（　　　　）

3 右の図の，色がついた部分のまわりの長さは何cm ですか。(20 点)

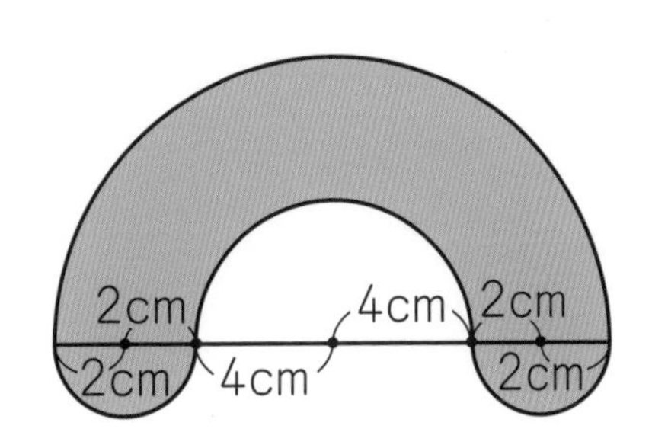

(　　　　　　　　)

4 右の図で，四角形ＡＢＣＤは１辺の長さが20cm の正方形です。このとき，色がついた部分の面積は何 cm^2 ですか。(20 点)

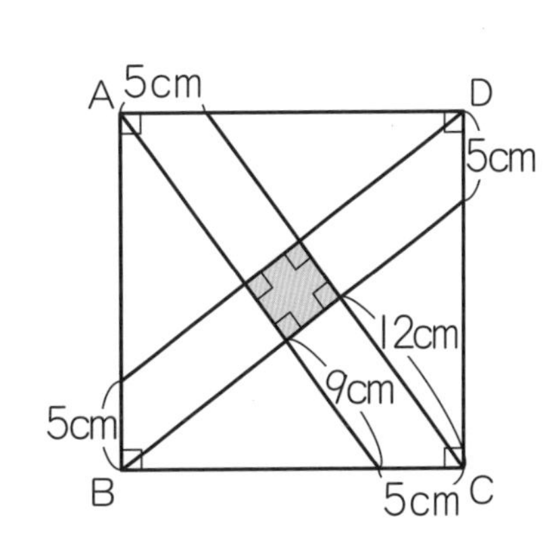

(　　　　　　　　)

第 45 回は「計算総復習」！
最後までがんばろう！

45 計算

計算総復習（そうふくしゅう）

学習日　　月　　日

得点　　／100点

1 次の計算をしなさい。(各 10 点)

① 2.34×1.8

(　　　　　)

② $6.48 \div 1.6 \times 1.4$

(　　　　　)

③ $3\frac{4}{15} - 1\frac{5}{6}$

(　　　　　)

④ $4\frac{3}{4} - 2\frac{5}{12} + 1\frac{3}{8}$

(　　　　　)

2 次の計算をしなさい。(各10点)

❶ $5.1 - 0.91 \div 1.3$

(　　　　　)

❷ $1.6 \times (0.98 \div 0.2 + 0.6)$

(　　　　　)

❸ $12.5 \times 9.32 \times 0.8$

(　　　　　)

3 次の□にあてはまる数を書き入れなさい。(各15点)

❶ $\square \div 1.5 + 0.8 = 3$

❷ $4.5 \times (\square - 4.4) + 5.5 = 8.2$

最後までよくがんばったね。

Z会グレードアップ問題集
小学5年　算数　計算・図形　改訂版

初版　第1刷発行　2016年9月10日
改訂版 第1刷発行　2020年2月10日
改訂版 第7刷発行　2024年6月10日

編者　Z会編集部
発行人　藤井孝昭
発行所　Z会
〒411-0033　静岡県三島市文教町1-9-11
【販売部門：書籍の乱丁・落丁・返品・交換・注文】
TEL　055-976-9095
【書籍の内容に関するお問い合わせ】
https://www.zkai.co.jp/books/contact/
【ホームページ】
https://www.zkai.co.jp/books/
装丁　Concent, Inc.
表紙撮影　花渕浩二
印刷所　シナノ書籍印刷株式会社

ISBN　978-4-86290-307-5

かっこいい小学生になろう

Z会
グレードアップ
問題集

改訂版

小学5年

算数

計算・図形

解答・解説

解答・解説の使い方

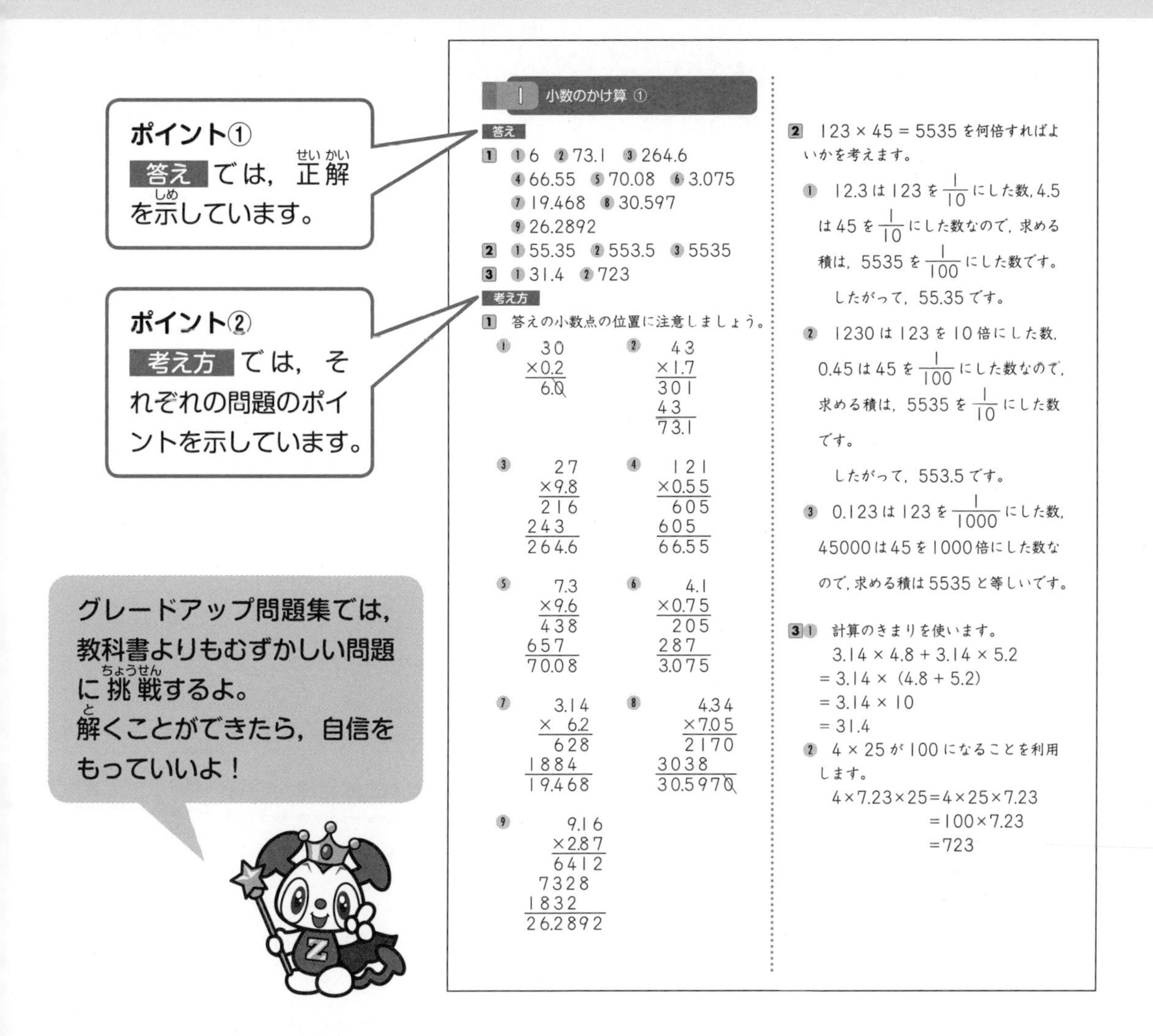

1 小数のかけ算 ①

答え

1 ① 6　② 73.1　③ 264.6　④ 66.55　⑤ 70.08　⑥ 3.075　⑦ 19.468　⑧ 30.597　⑨ 26.2892

2 ① 55.35　② 553.5　③ 5535

3 ① 31.4　② 723

考え方

1 答えの小数点の位置に注意しましょう。

① 30 × 0.2 = 6.0

② 43 × 1.7：301，43 → 73.1

③ 27 × 9.8：216，243 → 264.6

④ 121 × 0.55：605，605 → 66.55

⑤ 7.3 × 9.6：438，657 → 70.08

⑥ 4.1 × 0.75：205，287 → 3.075

⑦ 3.14 × 6.2：628，1884 → 19.468

⑧ 4.34 × 7.05：2170，3038 → 30.5970

⑨ 9.16 × 2.87：6412，7328，1832 → 26.2892

2 123 × 45 = 5535 を何倍すればよいかを考えます。

① 12.3 は 123 を $\frac{1}{10}$ にした数，4.5 は 45 を $\frac{1}{10}$ にした数なので，求める積は，5535 を $\frac{1}{100}$ にした数です。
　したがって，55.35 です。

② 1230 は 123 を 10 倍にした数，0.45 は 45 を $\frac{1}{100}$ にした数なので，求める積は，5535 を $\frac{1}{10}$ にした数です。
　したがって，553.5 です。

③ 0.123 は 123 を $\frac{1}{1000}$ にした数，45000 は 45 を 1000 倍にした数なので，求める積は 5535 と等しいです。

3 ① 計算のきまりを使います。

3.14 × 4.8 + 3.14 × 5.2
= 3.14 × (4.8 + 5.2)
= 3.14 × 10
= 31.4

② 4 × 25 が 100 になることを利用します。

4×7.23×25=4×25×7.23
=100×7.23
=723

1 自分の解答(かいとう)と 答え をつき合わせて，答え合わせをしましょう。

2 答え合わせが終わったら，問題の配点にしたがって点数をつけ，得点(とくてん)らんに記入しましょう。

3 まちがえた問題は， 考え方 を読んで復習(ふくしゅう)しましょう。

保護者の方へ

　この冊子では，**問題の答え**と，**各回の学習ポイント**などを掲載しています。お子さま自身で答え合わせができる構成になっておりますが，お子さまがとまどっているときは，取り組みをサポートしてあげてください。

1 小数のかけ算 ①

答え

1 ❶ 6 ❷ 73.1 ❸ 264.6
❹ 66.55 ❺ 70.08 ❻ 3.075
❼ 19.468 ❽ 30.597
❾ 26.2892

2 ❶ 55.35 ❷ 553.5 ❸ 5535

3 ❶ 31.4 ❷ 723

考え方

1 答えの小数点の位置に注意しましょう。

❶
$$\begin{array}{r} 30 \\ \times 0.2 \\ \hline 6.\not{0} \end{array}$$

❷
$$\begin{array}{r} 43 \\ \times 1.7 \\ \hline 301 \\ 43 \\ \hline 73.1 \end{array}$$

❸
$$\begin{array}{r} 27 \\ \times 9.8 \\ \hline 216 \\ 243 \\ \hline 264.6 \end{array}$$

❹
$$\begin{array}{r} 121 \\ \times 0.55 \\ \hline 605 \\ 605 \\ \hline 66.55 \end{array}$$

❺
$$\begin{array}{r} 7.3 \\ \times 9.6 \\ \hline 438 \\ 657 \\ \hline 70.08 \end{array}$$

❻
$$\begin{array}{r} 4.1 \\ \times 0.75 \\ \hline 205 \\ 287 \\ \hline 3.075 \end{array}$$

❼
$$\begin{array}{r} 3.14 \\ \times \ \ 6.2 \\ \hline 628 \\ 1884 \\ \hline 19.468 \end{array}$$

❽
$$\begin{array}{r} 4.34 \\ \times 7.05 \\ \hline 2170 \\ 3038 \\ \hline 30.597\not{0} \end{array}$$

❾
$$\begin{array}{r} 9.16 \\ \times 2.87 \\ \hline 6412 \\ 7328 \\ 1832 \\ \hline 26.2892 \end{array}$$

2 $123 \times 45 = 5535$ を何倍すればよいかを考えます。

❶ 12.3は123を$\frac{1}{10}$にした数，4.5は45を$\frac{1}{10}$にした数なので，求める積は，5535を$\frac{1}{100}$にした数です。

したがって，55.35です。

❷ 1230は123を10倍にした数，0.45は45を$\frac{1}{100}$にした数なので，求める積は，5535を$\frac{1}{10}$にした数です。

したがって，553.5です。

❸ 0.123は123を$\frac{1}{1000}$にした数，45000は45を1000倍にした数なので，求める積は5535と等しいです。

3 ❶ 計算のきまりを使います。

$3.14 \times 4.8 + 3.14 \times 5.2$
$= 3.14 \times (4.8 + 5.2)$
$= 3.14 \times 10$
$= 31.4$

❷ 4×25が100になることを利用します。

$4 \times 7.23 \times 25 = 4 \times 25 \times 7.23$
$= 100 \times 7.23$
$= 723$

2 小数のかけ算 ②

答え

1 ❶ < ❷ > ❸ > ❹ <

2 61.2cm²

3 ❶ 7L8dL ❷ 77.28km

❸ 135.24km

考え方

1 積とかけられる数の大きさの関係は，次のようになります。

・かける数が１より大きいとき
→積は，かけられる数より大きくなる。
・かける数が１のとき
→積は，かけられる数と等しい。
・かける数が１より小さいとき
→積は，かけられる数より小さくなる。

この関係に注目して，積とかけられる数の大小を調べましょう。

❶ かける数は0.7で，0.7 < 1なので，

$6 \times 0.7 < 6$

❷ かける数は1.01で，1.01 > 1なので，

$230 \times 1.01 > 230$

❸ かける数は1.9で，1.9 > 1なので，

$3.14 \times 1.9 > 3.14$

❹ かける数は0.98で，0.98 < 1なので，

$2.73 \times 0.98 < 2.73$

2 ㋐，㋑，㋒それぞれの長方形の面積を計算して和を求めることもできますが，大変です。計算のきまりを使って計算を簡単（かんたん）にしましょう。

長方形の面積＝たて×横

だから，㋐，㋑，㋒の面積の和は，

$2.7 \times 6.8 + 3.9 \times 6.8 + 2.4 \times 6.8$
$= (2.7 + 3.9 + 2.4) \times 6.8$
$= 9 \times 6.8$
$= 61.2$ (cm^2)

3 ❶ 5.2 dLずつ入ったびんが15本あるので，全部合わせたジュースのかさは，

$5.2 \times 15 = 78$ (dL)

10 dL＝1 Lだから，

78 dL＝7 L 8 dL

❷ 1 Lのガソリンで13.8km走ることができるから，5.6 Lのガソリンでは，

$13.8 \times 5.6 = 77.28$ (km)

走ることができます。

❸ 家を出てから帰ってくるまで，この車が使ったガソリンは，

$4.3 + 7.5 - 2 = 9.8$ (L)

です。1 Lのガソリンで13.8km走ることができるので，

$13.8 \times 9.8 = 135.24$ (km)

3 直方体と立方体の体積 ①

答え

1 ❶ 30cm^3 ❷ 17cm^3

2 ❶ 3000000 ❷ 2.3 ❸ 0.4

3 ❶ 30cm^3 ❷ 8cm^3 ❸ 32.2cm^3

4 12cm^3

考え方

1 1辺が1cmの立方体の体積は1cm^3です。この立方体が何個(なんこ)あるか，正しく数えあげることができるかがポイントです。

❶ たて3個，横5個，高さ2個ずつ積み重ねられているので，立方体の個数は，$3 \times 5 \times 2 = 30$（個）です。したがって，体積は，30cm^3です。

❷ 下から1段目(だんめ)が，$3 \times 4 = 12$（個），下から2段目が，$2 \times 2 = 4$（個），下から3段目が1個です。合わせて立方体は，$12 + 4 + 1 = 17$（個）です。したがって，体積は，17cm^3です。

2 ❶，❷ $1\text{m}^3 = 1000000\text{cm}^3$より，

$3\text{m}^3 = 3000000\text{cm}^3$

$2300000\text{cm}^3 = 2.3\text{m}^3$

❸ 単位をm^3にそろえてから計算します。$40000\text{cm}^3 = 0.04\text{m}^3$より，

$0.36\text{m}^3 + 40000\text{cm}^3$

$= 0.36\text{m}^3 + 0.04\text{m}^3 = 0.4\text{m}^3$

3 直方体の体積＝たて×横×高さ

立方体の体積＝1辺×1辺×1辺

この公式を用いて，それぞれの立体の体積を求めましょう。

❶ たて3cm，横2cm，高さ5cmの直方体なので，$3 \times 2 \times 5 = 30 (\text{cm}^3)$

❷ 1辺が2cmの立方体なので，

$2 \times 2 \times 2 = 8$（cm^3）

❸ たて3.5cm，横4.6cm，高さ2cmの直方体なので，

$3.5 \times 4.6 \times 2 = 32.2$（$\text{cm}^3$）

4 図形をいくつかの直方体に分けて考えます。

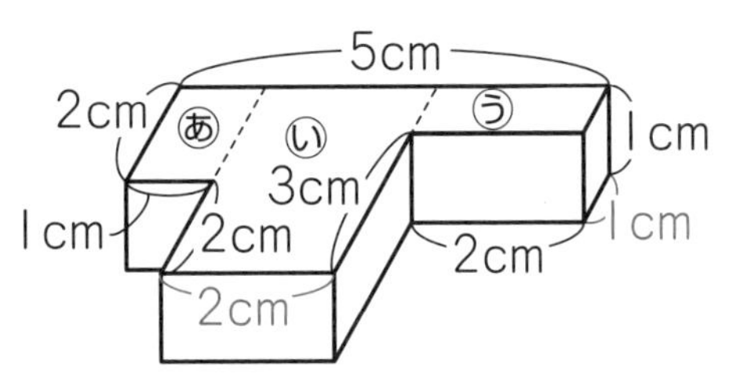

上の図のように，3つの直方体あ，い，うに分けると，あの体積は，

$2 \times 1 \times 1 = 2$（cm^3）

いの体積は，

$(2 + 2) \times (5 - 1 - 2) \times 1$

$= 8$（cm^3）

うの体積は，

$(2 + 2 - 3) \times 2 \times 1$

$= 2$（cm^3）

だから，求める体積は，

$2 + 8 + 2 = 12$（cm^3）

〔別解〕

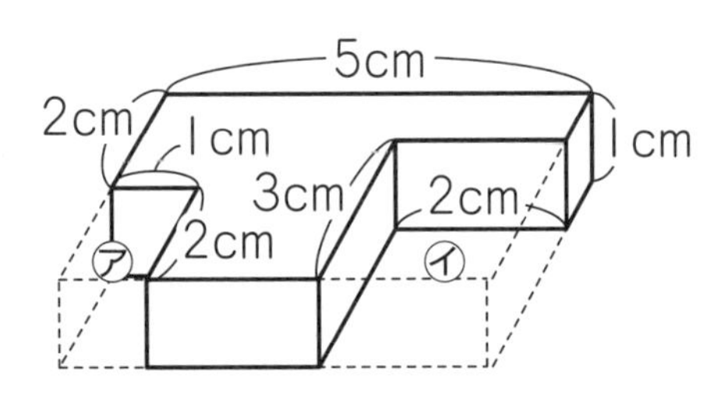

上の図のように，直方体ア，イをおぎなって考えます。

大きい直方体の体積は，

$(2 + 2) \times 5 \times 1 = 20$（$\text{cm}^3$）

アの体積は，$2 \times 1 \times 1 = 2$（cm^3）

イの体積は，$3 \times 2 \times 1 = 6$（cm^3）

だから，求める体積は，

$20 - (2 + 6) = 12$（cm^3）

4 容積 ①

答え

1 ❶ 5000 ❷ 0.2 ❸ 1800 ❹ 21

2 $54000cm^3$

3 $14800cm^3$

4 ❶ $2400cm^3$ ❷ 2.5cm

考え方

1 $1m^3 = 1000L$, $1L = 1000cm^3$,
$1L = 10dL = 1000mL = 1000cm^3$
この関係を用いて考えます。

❶ $1L = 1000cm^3$ なので,
$5L = 5000cm^3$

❷ $1000L = 1m^3$ なので,
$100L = 0.1m^3$
したがって, $200L = 0.2m^3$

❸ 1.3L の単位を cm^3 にしてから計算します。
$1.3L = 1300cm^3$
なので,
$1.3L + 500cm^3$
$= 1300cm^3 + 500cm^3$
$= 1800cm^3$

❹ 1.2L, 600mL の単位を dL にしてから計算します。
$1.2L = 12dL$, $600mL = 6dL$
なので,
$1.2L + 3dL + 600mL$
$= 12dL + 3dL + 6dL$
$= 21dL$

2 水そうの容積は,
内のりのたての長さ＝30cm
内のりの横の長さ＝40cm
内のりの深さ＝45cm
をかけ合わせて求めることができます。
したがって，この水そうの容積は,
$30 \times 40 \times 45 = 54000\ (cm^3)$

3 内のりの深さは，外側の長さから板の厚さ 1 まい分をひけばよいので,
$39.5 - 2.5 = 37$ (cm)
内のりのたて，横は，外側の長さから板の厚さ 2 まい分をひけばよいので,
たて…$30 - 2.5 \times 2 = 25$ (cm)
横　…$21 - 2.5 \times 2 = 16$ (cm)
したがって，このますの容積は,
$25 \times 16 \times 37 = 14800\ (cm^3)$

4 問題の図を組み立てると，下のような直方体の容器になります。

❶ 内のりのたては,
$28 - 4 \times 2 = 20$ (cm)
内のりの横は,
$38 - 4 \times 2 = 30$ (cm)
内のりの深さは 4cm だから，この容器の容積は,
$20 \times 30 \times 4 = 2400\ (cm^3)$

❷ $1L = 1000cm^3$ なので,
$1.5L = 1500cm^3$
水を入れたあとの水の深さを□cm とすると,
$20 \times 30 \times \square = 1500$
$600 \times \square = 1500$
だから，□にあてはまる数は,
$1500 \div 600 = 2.5$

5 小数のわり算 ①

答え

1 ① 2.5 ② 42.5 ③ 1.4 ④ 5.9

2 ① 4.7あまり0.38 ② 2.8あまり0.04

3 ① 9.5 ② 7.1 ③ 2.8

4 4.2cm

考え方

1 ①

```
        2.5
8.4)210
    168
     420
     420
       0
```

②

```
         42.5
3.2)1360
    128
       80
       64
      160
      160
        0
```

③

```
      1.4
7.1)9.9.4
    71
    284
    284
      0
```

④

```
        5.9
2.4)14.1.6
    120
     216
     216
       0
```

2 あまりのあるわり算では，あまりの小数点は，わられる数のもとの小数点の位置にそろえてつけます。

①

```
        4.7
4.6)22.0
    184
     360
     322
     0.38
```

②

```
       2.8
0.6)1.7.2
    12
     52
     48
    0.04
```

3 上から２けたの概数で求めるときは，上から３けた目を四捨五入します。

①

```
         9.4̸5̸ (5)
3.7)350
    333
     170
     148
      220
      185
       35
```

②

```
       7.0̸6̸ (1)
1.3)9.1.9
    91
      90
      78
      12
```

③

```
       2.8̸4̸
2.9)8.2.6
    58
    246
    232
     140
     116
      24
```

4 もとの長方形の面積は，

$4.6 \times 10.5 = 48.3$ (cm^2)

たての長さは，もとの長方形のたての長さの 2.5 倍なので，

$4.6 \times 2.5 = 11.5$ (cm)

長方形の横の長さは，

長方形の面積÷たての長さ

で求めることができるので，

$48.3 \div 11.5 = 4.2$ (cm)

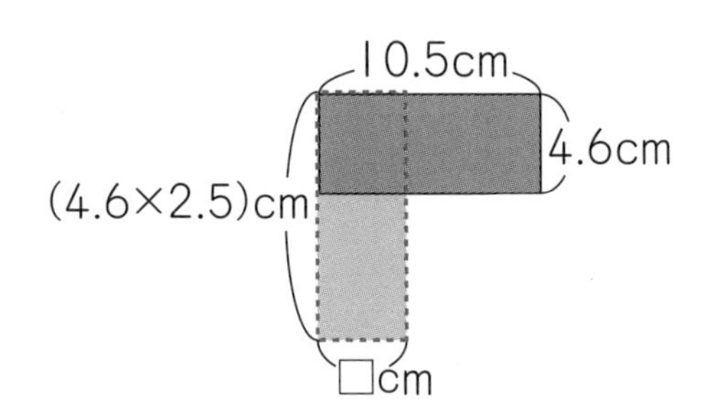

6 小数のわり算 ②

答え

1 ① > ② < ③ > ④ <

2 4.9

3 ① 8ふくろ ② 5.7m ③ 3.5m

考え方

1 商とわられる数の大きさの関係は，次のようになります。

・わる数が1より大きいとき
→商は，わられる数より小さくなる
・わる数が1のとき
→商は，わられる数と等しくなる
・わる数が1より小さいとき
→商は，わられる数より大きくなる

この関係に注目して，商とわられる数の大小を調べましょう。

① わる数は0.3で，$0.3 < 1$ なので，
$114 \div 0.3 > 114$

② わる数は1.1で，$1.1 > 1$ なので，
$96 \div 1.1 < 96$

③ わる数は0.9で，$0.9 < 1$ なので，
$0.5 \div 0.9 > 0.5$

④ わる数は1.08で，$1.08 > 1$ なので，
$1.09 \div 1.08 < 1.09$

2 ある数を□とおくと，まちがえた答えを求めた式は，

$\square \div 3.5 \times 7.5 = 22.5$

だから，$\square \div 3.5$ は，

$22.5 \div 7.5 = 3$

□は，

$3 \times 3.5 = 10.5$

したがって，正しい答えは，

$10.5 \times 3.5 \div 7.5$
$= 36.75 \div 7.5$
$= 4.9$

3 ① 3.6kgを0.45kgずつ分けるので，わり算を考えます。

$3.6 \div 0.45 = 8$（ふくろ）

② ぼうの長さは，

ぼうの重さ÷1mのぼうの重さ

で求めることができます。したがって，

$23.94 \div 4.2 = 5.7$（m）

③ 1mのぼうの重さは，

ぼうの重さ÷ぼうの長さ

で求めることができます。0.4mのぼうの重さが1.8kgだから，このぼう1mあたりの重さは，

$1.8 \div 0.4 = 4.5$（kg）

このぼうが15.75kgあるので，ぼうの長さは，

$15.75 \div 4.5 = 3.5$（m）

7 容積 ②

答え

1 ① $1000cm^3$ ② $550cm^3$

2 ① 6L ② $900cm^3$ ③ 11.5cm

考え方

1 おふろに入ると，おふろのお湯の深さが増(ふ)えたり，お湯があふれたりすることと同じように，水そうの中に石をしずめると，水の深さが増えます。このとき，石の体積は，増えた深さ分の水の体積と等しくなります。

① 増えた深さは，

$10-8=2$ (cm)

石の体積は，増えた深さ分の水の体積と等しいので，

$20\times25\times2=1000$ (cm^3)

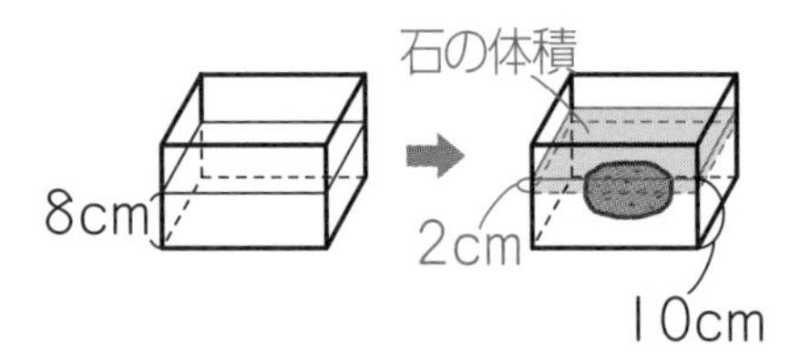

② 水そうBには，はじめに10cmの深さまで水が入っているので，あと，

$12-10=2$ (cm)

の深さの分の水が入ります。水そうBの深さ2cm分の水の量は，

$15\times15\times2=450$ (cm^3)

石の体積は$1000cm^3$なので，

$1000-450=550$ (cm^3)

の水があふれます。

2 ① 水そうに入っている水の体積は，

$15\times40\times10=6000$ (cm^3)

$1000cm^3=1L$ だから，

$6000cm^3=6L$

② レンガは，たて10cm，横18cm，高さ5cmの直方体なので，体積は，

$10\times18\times5=900$ (cm^3)

③ 水そうにレンガをしずめたとき，水の深さが増えます。

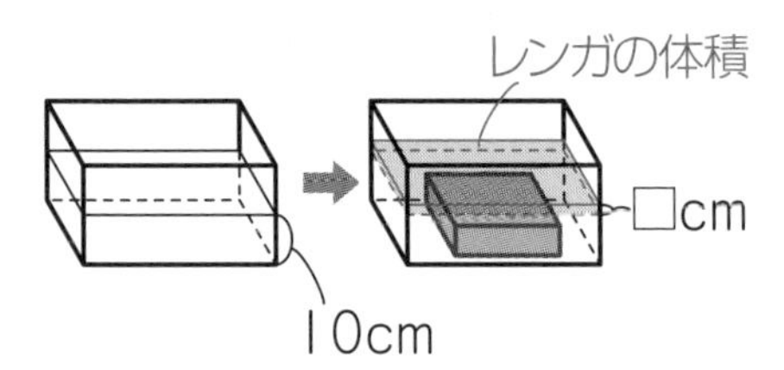

増えた水の深さを□cmとすると，増えた深さ分の水の体積はレンガの体積と等しいので，

$15\times40\times□=900$

$600\times□=900$

だから，□にあてはまる数は，

$900\div600=1.5$

したがって，レンガをしずめると，もとの深さ10cmから1.5cm増えるので，レンガをしずめたあとの水の深さは，

$10+1.5=11.5$ (cm)

〔別解〕

レンガをしずめたあとの水の深さを△cmとして，

$15\times40\times\triangle=\underbrace{6000}_{\text{水の体積}}+\underbrace{900}_{\text{レンガの体積}}$

$600\times\triangle=6900$

△にあてはまる数は，

$6900\div600=11.5$

8 合同な図形 ①

答え

1 ①辺ＨＥ　②角Ｆ

2 ①○　②×　③○

3 ①三角形ＡＥＦ　②21cm　③14cm

考え方

1 四角形ＡＢＣＤと四角形ＥＦＧＨの向きをそろえてかき直します。

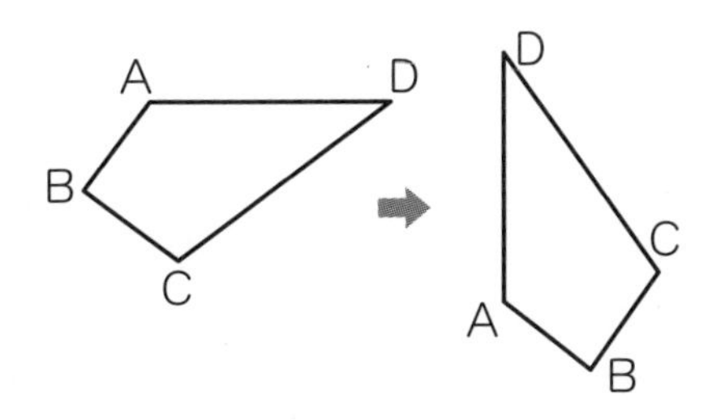

① 対応する辺を答えるときは，対応する点の順に書きます。辺ＢＣに対応する辺は，辺ＨＥです。

② 角Ｄに対応する角は，角Ｆです。

2 ① 下の図のように，三角形ＡＢＣの形と大きさは１つに決まります。

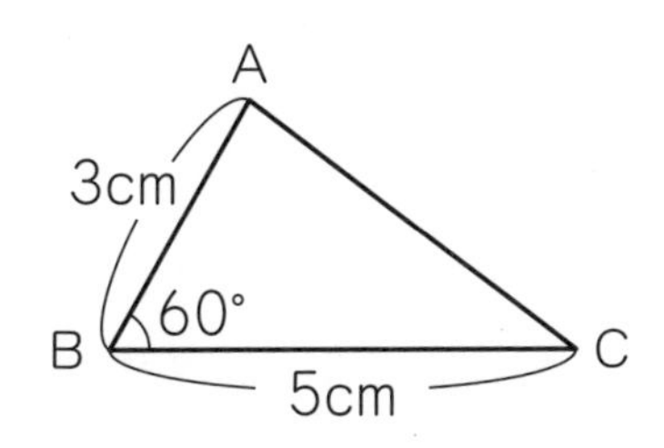

② 下の図のように，三角形ＡＢＣの形は２つ考えられます。

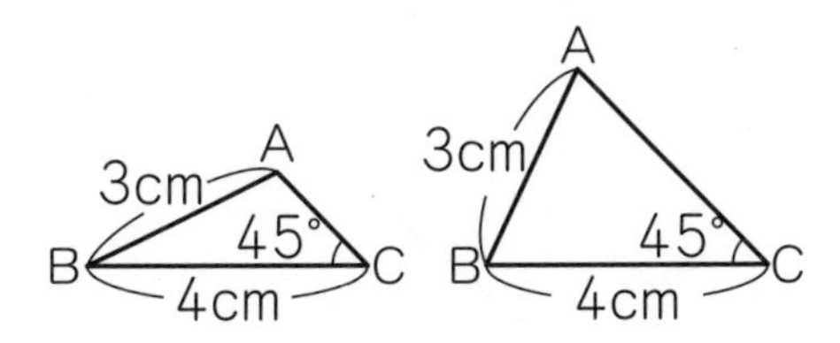

③ 下の図のように，三角形ＡＢＣの形と大きさは１つに決まります。

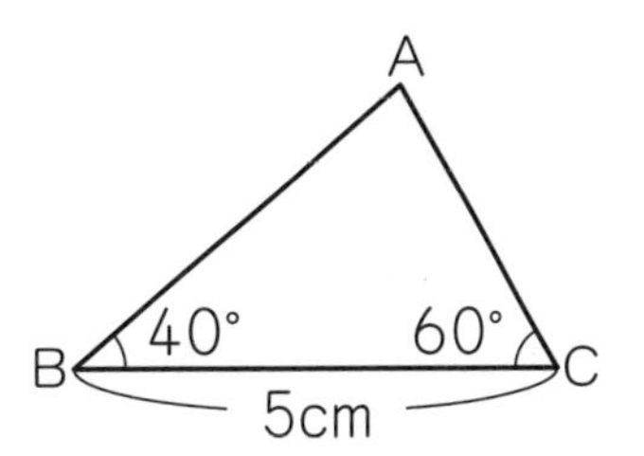

3 ① 折り返したあとの三角形ＤＥＦと，折り返す前の三角形ＡＥＦは合同です。

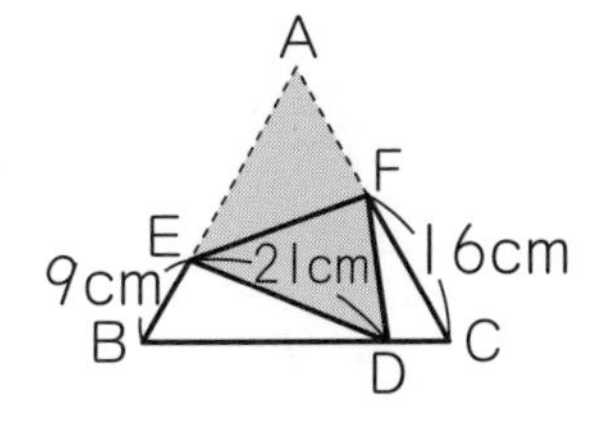

② ①より，三角形ＤＥＦと三角形ＡＥＦは合同なので，対応する辺の長さは等しくなります。だから，辺ＡＥの長さは，辺ＤＥの長さと等しく，21cmです。

③ 辺ＡＥの長さが21cmなので，正三角形ＡＢＣの１辺の長さは，

$21 + 9 = 30$ (cm)

だから，辺ＡＣの長さは30cmです。

また，直線ＣＦの長さが16cmなので，辺ＡＦの長さは，

$30 - 16 = 14$ (cm)

三角形ＤＥＦと三角形ＡＥＦは合同だから，辺ＡＦと辺ＤＦの長さは等しくなります。したがって，辺ＤＦの長さは14cmです。

9 合同な図形 ②

答え

1 「考え方」を見てください。

2 「考え方」を見てください。

3 三角形**アエオ**と三角形**ウエイ**

考え方

1 ①

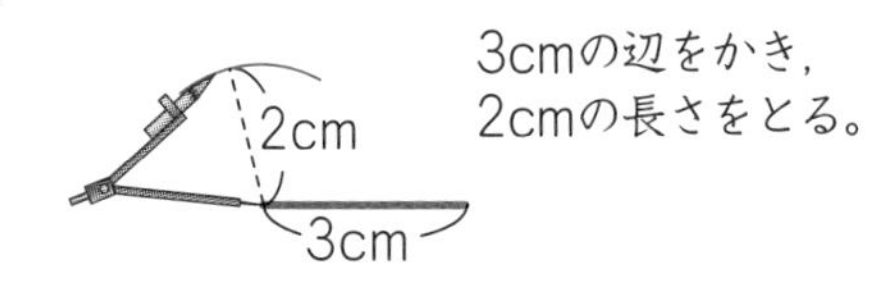

3cmの辺をかき，
2cmの長さをとる。

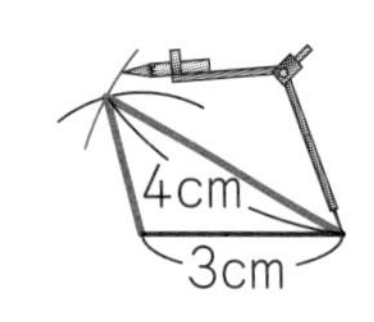

4cmの長さをとり，
線をつなぐ。

②

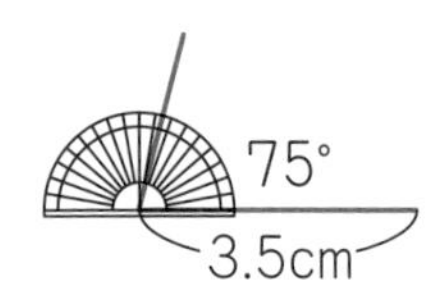

3.5cmの辺をかき，
75°の角をかく。

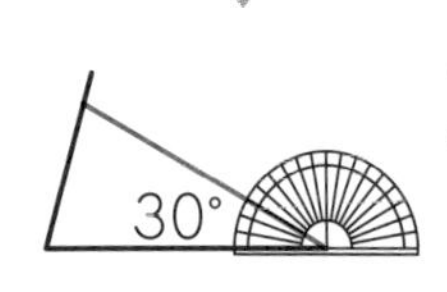

30°の角をかき，
線をつなぐ。

③

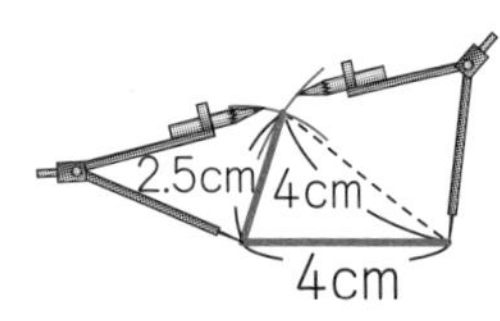

4cmの辺に
2.5cmと4cm
の長さをとる。

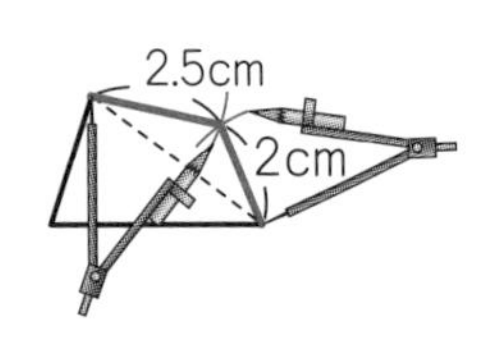

2.5cmと2cmの
長さをとり，
線をつなぐ。

④

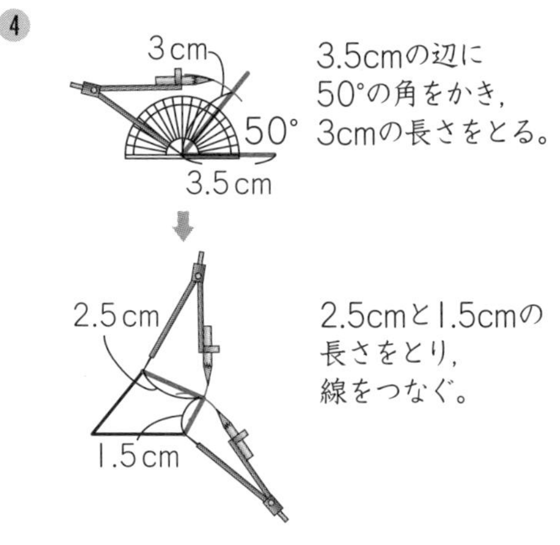

3.5cmの辺に
50°の角をかき，
3cmの長さをとる。

2.5cmと1.5cmの
長さをとり，
線をつなぐ。

2 コンパス，定規，分度器を使って，次の図の順番で三角形をかきます。

① 2つの辺の長さと，その間の角の大きさがわかれば，三角形がかけます。

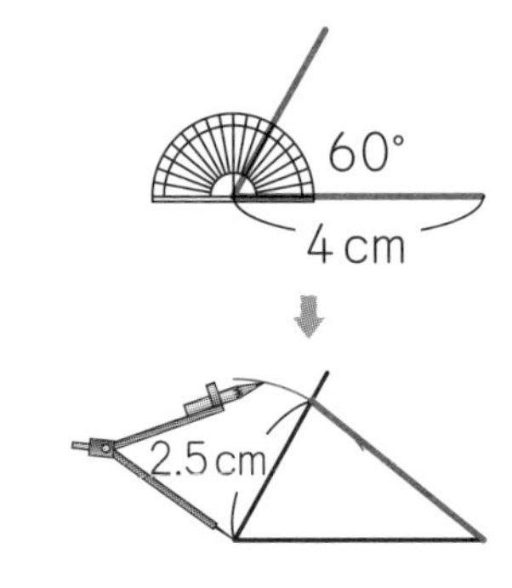

② 1つの辺の長さと，その両側の角の大きさがわかれば，三角形がかけます。

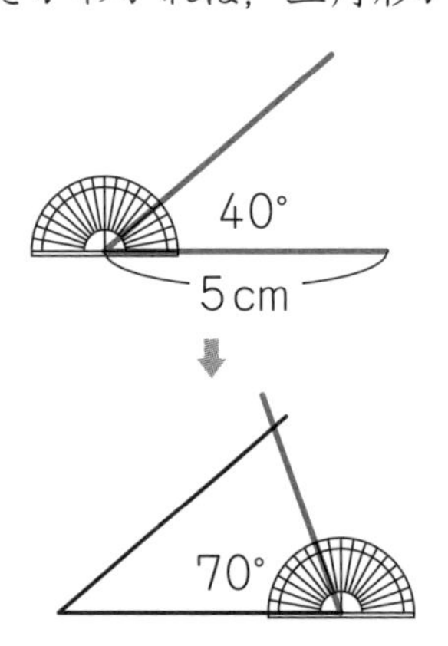

3 次の３つの条件(じょうけん)のうちどれか１つにあてはまれば，２つの三角形は合同といえます。

・２つの辺の長さと，その間の角の大きさが等しい

・１つの辺の長さと，その両側の角の大きさが等しい

・３つの辺の長さが等しい

下の図で，三角形**アウエ**と三角形**イエオ**は正三角形だから，

辺**アエ**の長さ＝辺**ウエ**の長さ

辺**エオ**の長さ＝辺**エイ**の長さ

また，正三角形の１つの角の大きさは60°だから，角㋐の大きさは，

180°－（60°＋60°）＝60°

したがって，角㋑，角㋒の大きさは，

角㋑…60°＋60°＝120°

角㋒…60°＋60°＝120°

となり，等しいことがわかります。

以上より，三角形**アエオ**と三角形**ウエイ**は，２つの辺の長さと，その間の角の大きさが等しいので，合同です。

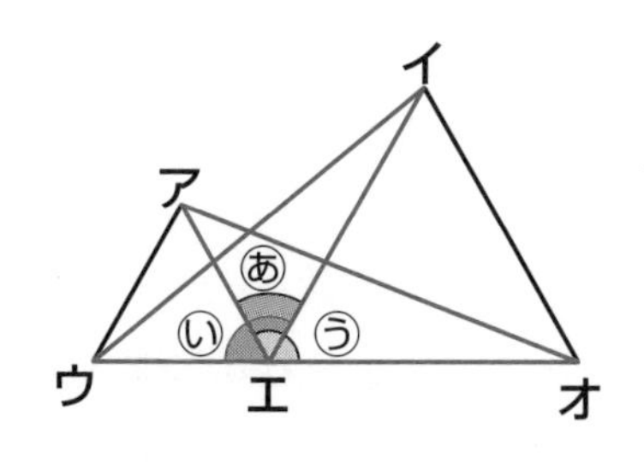

〈新たに点**カ**，**キ**，**ク**を考えると…〉

三角形**アエオ**と三角形**ウエイ**が合同であることがわかったので，下の図の角㋓と角㋔，角㋕と角㋖の大きさはそれぞれ等しいです。したがって，下の図のように新たに点**カ**，**キ**，**ク**を考えた場合，次の２組の三角形も合同になります。

三角形**イキエ**と三角形**オクエ**

→１つの辺の長さ（辺**エイ**と辺**エオ**）と，その両側の角の大きさが等しい

三角形**アエク**と三角形**ウエキ**

→１つの辺の長さ（辺**アエ**と辺**ウエ**）と，その両側の角の大きさが等しい

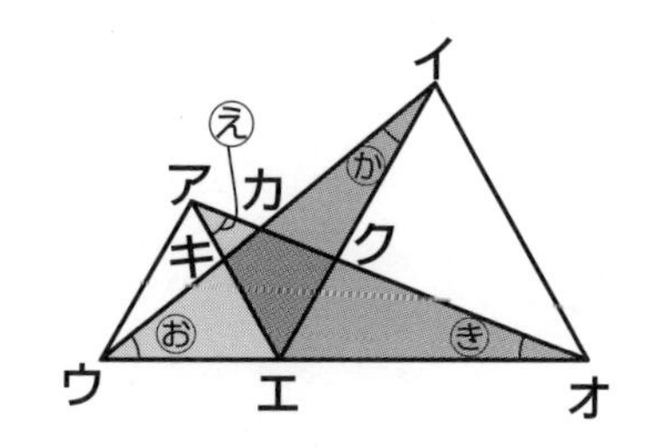

10 変わり方と比例

答え

1 ① □＝○×○　② □＝45－○

2 イ，エ

3 ① □＝○×4　② 92個

考え方

1 ① 正方形の面積は，

1辺の長さ×1辺の長さ

で求めることができます。

② 残っている回数は，全体の回数45回から学習した回数をひけば求めることができます。

〔別解〕

学習した回数と残っている回数をたせば常(つね)に45回になると考えて，

○＋□＝45

と答えていても正解です。

2 ア～オのそれぞれについて，一方の量が2倍，3倍，…となるとき，それにともなってもう一方の量も2倍，3倍，…になっているかどうかを調べます。

ア　飲んだ量が2倍，3倍，…になっても，残った量は2倍，3倍，…にならないので，残った量は飲んだ量に比例しません。

イ　円の半径が2倍，3倍，…になると，まわりの長さも2倍，3倍，…になるので，まわりの長さは半径に比例します。

ウ　立方体の1辺の長さが2倍，3倍，…になると，体積は8倍，27倍，…になるので，立方体の体積は1辺の長さに比例しません。

エ　ペットボトルを買った本数が2倍，3倍，…になると，代金も2倍，3倍，…になるので，代金は買った本数に比例します。

オ　面積が40cm^{2}なので，たての長さが2倍，3倍，…になると，横の長さは$\frac{1}{2}$倍，$\frac{1}{3}$倍，…になります。だから，横の長さは，たての長さに比例しません。

3 ① ○番目の正方形のご石の個数を，下のように4つに分けて考えます。

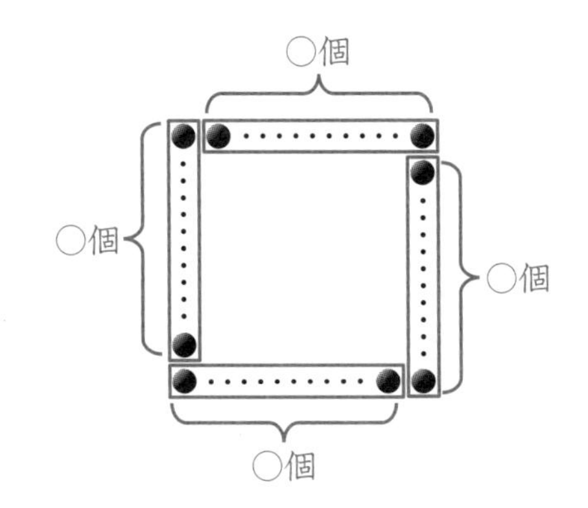

1つの □ に○個のご石がふくまれるので，必要なご石の個数（□）は，

□＝○×4

② ①より，○番目の正方形を作るのに必要なご石の個数は，○×4で求められるから，23番目に必要なご石の個数は，

23×4＝92（個）

11 小数のかけ算とわり算

答え

1 ① 1.35　② 5.7　③ 10.2　④ 5.36

2 ① 5.47　② 21

3 ①

```
      [4].9
   × [3].7
   ---------
   [3] 4 3
[1][4] 7
   ---------
[1][8].[1][3]
```

②

```
  [0].[9] 2
 ×     7.[3]
 -----------
    [2][7][6]
  6 [4][4]
 -----------
 [6].7 [1] 6
```

考え方

1 たし算・ひき算，かけ算・わり算がふくまれる式では，まず，かけ算・わり算から計算します。

① $8.1 \times 0.6 \div 3.6$
$= 4.86 \div 3.6 = 1.35$

② $11.2 \times 0.7 - 0.91 - 1.23$
$= 7.84 - 0.91 - 1.23$
$= 6.93 - 1.23 = 5.7$

③ $6.3 + 2.4 \div 0.4 \times 0.65$
$= 6.3 + 6 \times 0.65$
$= 6.3 + 3.9 = 10.2$

④ $10.34 \div 4.4 - 0.92 \times 1.5 + 4.39$
$= 2.35 - 1.38 + 4.39$
$= 0.97 + 4.39 = 5.36$

2 （　）があるときは，（　）の中から計算します。

① $0.25 + 0.75 \times (2.84 + 4.12)$
$= 0.25 + 0.75 \times 6.96$
$= 0.25 + 5.22 = 5.47$

② （　）の中の式にたし算・ひき算，かけ算・わり算がふくまれる場合も，かけ算・わり算から先に計算します。

$4.8 \times 4.5 - 0.24 \div (6.4 - 9 \div 1.5)$
$= 4.8 \times 4.5 - 0.24 \div (6.4 - 6)$
$= 4.8 \times 4.5 - 0.24 \div 0.4$
$= 21.6 - 0.6 = 21$

3 ① 右の筆算で，「㋐9×7=あ43」の部分に注目します。「9 × 7 = 63」より十の位に「6」がくり上がっているので，

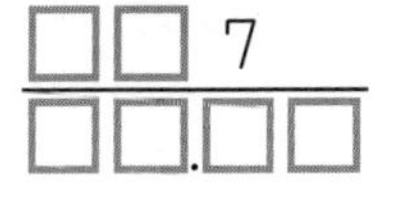

「㋐× 7」の一の位は，14 − 6 = 8 より「8」です。7 をかけて一の位が「8」になる数は，「4」しかないので，㋐は「4」です。

また，「49 ×㋑」の一の位が「7」になることから，㋑は「3」です。

あとは，4.9 × 3.7 の計算をします。

②

```
   [ア].[イ] 2
 ×       7.[ ]
 -------------
     [ ][ ][ ]
  6 [あ][い]
 -------------
 [ ].7 [ ] 6
```

上の筆算で「㋐㋑2 × 7 = 6あい」の部分に注目します。積の百の位が「6」なので，㋐は「0」が，㋑は「9」があてはまります。

```
  [0].[9] 2
 ×     7.[ウ]
 ------------
    [ ][ ][え]
  6 [4][4]
 ------------
 [ ].7 [ ] 6
      お    う
```

うが「6」だから，えも「6」です。「2 ×㋒」の一の位が「6」だから，㋒は「3」か「8」だと考えられますが，「8」だと，おが 7 にならないので，㋒は「3」があてはまります。

あとは，0.92 × 7.3 の計算をします。

12 直方体と立方体の体積 ②

答え

1 ① 7　② 5

2 120cm^3

3 ① 90cm^3　② 126cm^3

4 112cm^3

考え方

1 ① たて 9cm，横□ cm，高さ 6cm，体積 378cm^3 の直方体なので，

　9 ×□× 6 = 378

つまり，

　□× 54 = 378

したがって，□は，

　378 ÷ 54 = 7

② 底面は 1 辺□ cm の正方形，高さ 8cm，体積 200cm^3 の直方体なので，

　□×□× 8 = 200

したがって，□×□は，

　200 ÷ 8 = 25

5 × 5 = 25 だから，□は 5 です。

2 右の図のように，この図形を 2 つ組み合わせて考えると，たて 4cm，横 6cm，高さ 10cm の直方体になるので，求める体積は，

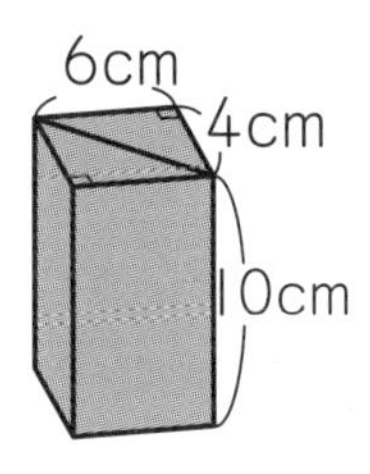

　4 × 6 × 10 ÷ 2 = 120 (cm^3)

3 ① この展開図を組み立てると，たて 5cm，横 6cm，高さ 3cm の直方体になるから，体積は，

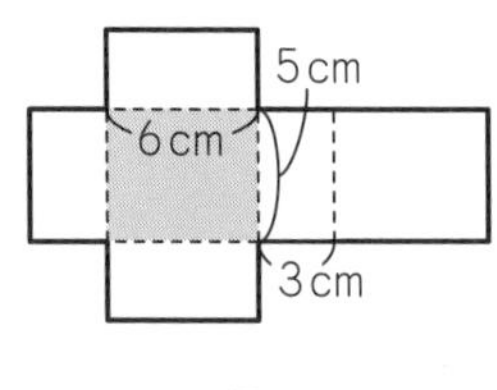

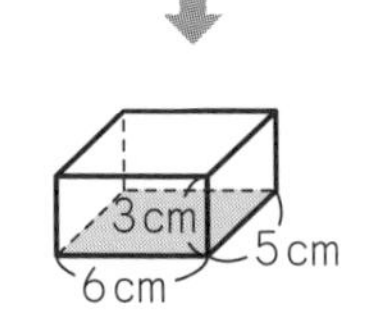

　5 × 6 × 3
= 90 (cm^3)

② この展開図を組み立てると，下のようになります。

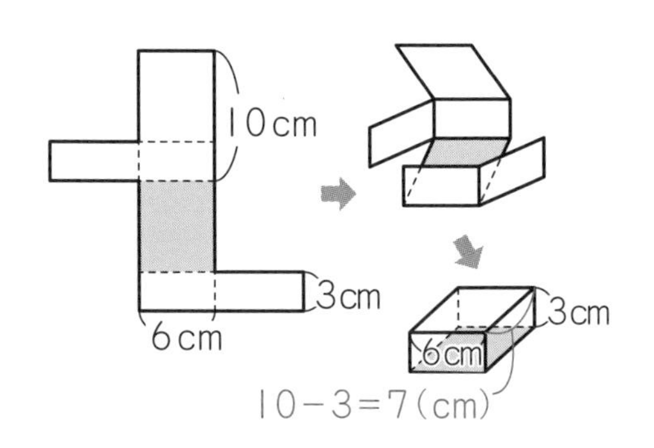

たて 7cm，横 6cm，高さ 3cm の直方体なので，体積は，

　7 × 6 × 3 = 126 (cm^3)

4 できる立体は直方体なので，組み立てたときに重なる辺や向かい合う辺の長さは等しくなります。これに注目して，長さが等しい辺に同じ印をつけていきます。

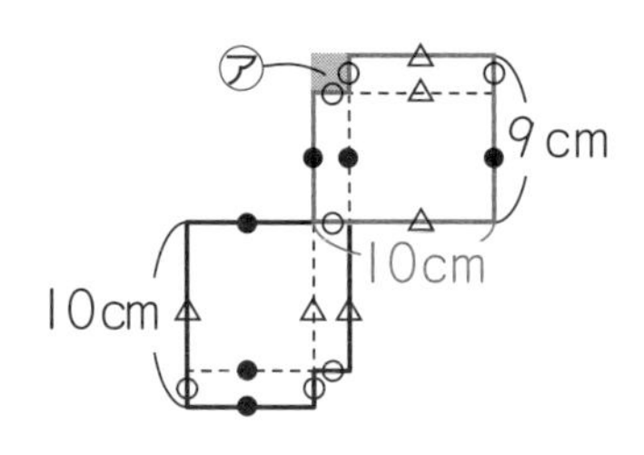

また，上の図で，色がついたわくで囲(かこ)った部分の面積は，展開図の面積のちょうど半分なので，

　172 ÷ 2 = 86 (cm^2)

したがって，㋐の面積は，

　10 × 9 − 86 = 4 (cm^2)

㋐は正方形だから，1 辺は 2cm です。

したがって，この展開図を組み立てると，

　たて　9 − 2 = 7 (cm)

　横　　10 − 2 = 8 (cm)

　高さ　2cm

の直方体になるから，体積は，

　7 × 8 × 2 = 112 (cm^3)

13 偶数と奇数

答え

1 ①△　②○　③△　④○

2 ①101　②998　③450個

3 ①3049　②10個

4 ①○　②△　③○　④○

考え方

1 ある整数を2でわったとき，わり切れるならその数は偶数，わり切れない（1あまる）ならその数は奇数です。

① 71÷2＝35あまり1
71は2でわり切れないので，奇数。

② 340÷2＝170
340は2でわり切れるので，偶数。

③ 1357÷2＝678あまり1
1357は2でわり切れないので，奇数。

④ 9752÷2＝4876
9752は2でわり切れるので，偶数。

2 ① 3けたの整数は，100から999までの数です。小さいほうの数から順に偶数か奇数かを調べていくと，

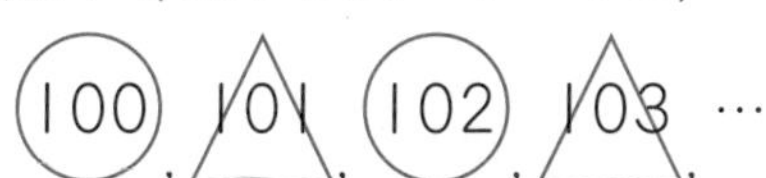

（○は偶数，△は奇数）

となるので，いちばん小さい奇数は101であることがわかります。

② 3けたの整数について，大きいほうの数から順に偶数か奇数かを調べていくと，

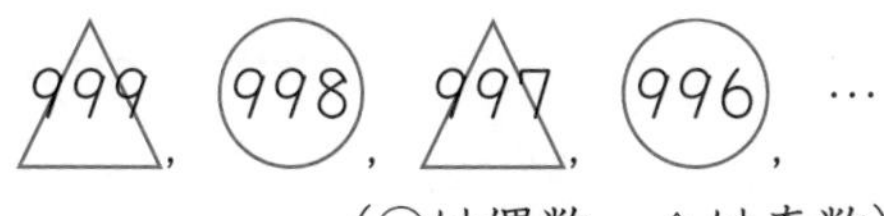

（○は偶数，△は奇数）

となるので，いちばん大きい偶数は998であることがわかります。

③ 1から999までの999個の整数の中で，1から99までの99個は3けたの整数ではないので，3けたの整数は，999－99＝900（個）あります。奇数と偶数は交互（こうご）にならんでいるので，求める個数は，

900÷2＝450（個）

3 ① [0]，[3]，[4]，[9]の4まいのカードを使ってできる数が奇数になるとき，一の位には[3]または[9]が入ります。いちばん小さい数にするには，千の位に[3]，百の位に[0]，十の位に[4]，一の位に[9]を入れればよいので，求める数は，3049です。

② [0]，[3]，[4]，[9]の4まいのカードを使ってできる数が偶数になるとき，一の位には0または4が入ります。

一の位が0のとき，カードを使ってできる数を小さい順に書き出すと，

3490，3940，4390，4930，9340，9430の6個

一の位が4のとき，千の位に0は入らないことに注意して，できる数を小さい順に書き出すと，

3094，3904，9034，9304の4個

したがって，6＋4＝10（個）

4 適当な数字をあてはめて考えます。

① 奇数1と奇数3をたすと4になるので，奇数＋奇数は偶数になります。

② 偶数2と奇数1をたすと3になるので，偶数＋奇数は奇数になります。

③ 偶数2と偶数4をかけると8になるので，偶数×偶数は偶数になります。

④ 偶数2と奇数1をかけると2になるので，偶数×奇数は偶数になります。

14 倍数と公倍数

答え

1 ① 9, 18, 27, 36, 45
② 13, 26, 39

2 ① 48 ② 180 ③ 90

3 ① 72cm ② 432 個

考え方

1 ① 9 の倍数は, 9 を 1 倍, 2 倍, 3 倍, 4 倍, 5 倍, 6 倍, …した数なので,

9, 18, 27, 36, 45, 54, …

このうち, 1 から 50 までの整数は,

9, 18, 27, 36, 45

となります。

② 13 の倍数は, 13 を 1 倍, 2 倍, 3 倍, 4 倍, …した数なので,

13, 26, 39, 52, …

このうち, 1 から 50 までの整数は,

13, 26, 39

となります。

2 いちばん大きい数の倍数の中から, 次に大きい数の倍数をさがしていきます。

① 16 の倍数の中から, 12 の倍数をさがすと,

~~16~~, ~~32~~, (48), ~~64~~, ~~80~~, (96), …

だから, 最小公倍数は 48 です。

② 20 の倍数の中から, 18 の倍数をさがすと,

~~20~~, ~~40~~, ~~60~~, ~~80~~, ~~100~~, ~~120~~, ~~140~~, ~~160~~, (180), ~~200~~, ~~220~~, ~~240~~, …

180 は 4 の倍数でもあるので, 最小公倍数は 180 です。

③ 10 の倍数の中から, 9 の倍数をさがすと,

~~10~~, ~~20~~, ~~30~~, ~~40~~, ~~50~~, ~~60~~, ~~70~~, ~~80~~, (90), ~~100~~, ~~110~~, ~~120~~, ~~130~~, ~~140~~, …

90 は, 2 の倍数でもあり, 6 の倍数でもあるので, 最小公倍数は 90 です。

3 ① 立方体になるのは, 1 辺の長さが 8 と 9 と 12 の公倍数のときです。ここでは, できるだけ小さい立方体を作るので, 8 と 9 と 12 の最小公倍数を求めます。

12 の倍数の中から, 9 の倍数をさがすと,

~~12~~, ~~24~~, (36), ~~48~~, ~~60~~, (72), ~~84~~, ~~96~~, …

36 は 8 の倍数ではなく, 72 は 8 の倍数なので, 最小公倍数は 72 です。したがって, 求める立方体の 1 辺の長さは, 72cm です。

② 立方体の 1 辺の長さが 72cm のとき, たて, 横, 高さにならべた直方体の数をそれぞれ求めると,

たて　$72 \div 8 = 9$ (個)
横　$72 \div 9 = 8$ (個)
高さ　$72 \div 12 = 6$ (個)

だから, 直方体の個数は, 全部で,

$9 \times 8 \times 6 = 432$ (個)

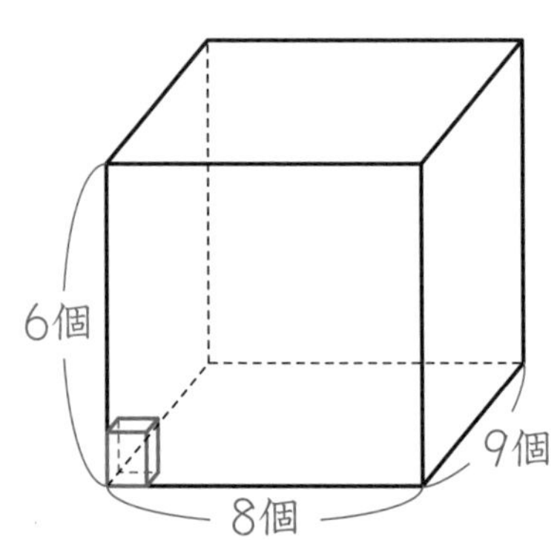

15 約数と公約数

答え

1 ① 1，3，5，9，15，45
② 1，2，4，8，16，32，64

2 ① 4　② 6　③ 5

3 ① 1，2，3，6，9，18　② 7人
③ 9，27

考え方

1 それぞれの数を 1，2，3，…でわり，わり切れる数をさがします。

① 45 ÷ 1 = 45，45 ÷ 3 = 15，
45 ÷ 5 = 9，45 ÷ 9 = 5，
45 ÷ 15 = 3，45 ÷ 45 = 1
より，45 の約数は，
1，3，5，9，15，45

② 64 ÷ 1 = 64，64 ÷ 2 = 32，
64 ÷ 4 = 16，64 ÷ 8 = 8，
64 ÷ 16 = 4，64 ÷ 32 = 2，
64 ÷ 64 = 1
より，64 の約数は，
1，2，4，8，16，32，64

2 公約数を求めるとき，いちばん小さい数の約数から書き出して考えます。

① 8 の約数の中から，28 の約数をさがすと，
①，②，④，~~8~~
より，公約数は 1，2，4 です。
だから，最大公約数は 4 です。

② 24 の約数の中から，36 の約数をさがすと，
①，②，③，④，⑥，~~8~~，⑫，~~24~~
このうち，42 の約数は，1，2，3，6 なので，3 つの数の公約数も 1，2，3，6 です。
したがって，最大公約数は 6 です。

③ 15 の約数の中から，30 の約数をさがすと，
①，③，⑤，⑮
このうち，40 の約数は，1，5 で，これらは 45 の約数でもあるので，4 つの数の公約数は 1，5 です。
したがって，最大公約数は 5 です。

3 ① 子どもの人数で 18 をわり切れるから，18 の約数が答えになります。したがって，□にあてはまる数は，
1，2，3，6，9，18

② 子どもの人数で 21 と 35 をわり切れるから，21 と 35 の公約数を考えます。21 の約数の中から 35 の約数をさがすと，
①，~~3~~，⑦，~~21~~
より，公約数は 1，7 です。いちばん多いときの人数を答えるので，21 と 35 の最大公約数の 7 が答えです。

③ 配ったメロンのカードは，
31 − 4 = 27（まい）
だから，子どもの人数は，27 の約数です。したがって，
1，3，9，27
のどれかです。ただし，メロンのカードは 4 まいあまったので，子どもの人数は 4 人より多くなければいけません。以上より，□にあてはまる数は，
9，27

16 分数のたし算とひき算 ①

答え

1 ① $\frac{27}{10}\left(=2\frac{7}{10}\right)$ ② 1.375

2 ① $2\frac{1}{12}\left(=\frac{25}{12}\right)$ ② $1\frac{5}{18}\left(=\frac{23}{18}\right)$

③ $\frac{5}{6}$ ④ 3

3 ① $\frac{7}{12}\to\frac{5}{8}\to\frac{47}{72}$

② $1.25\to\frac{27}{20}\to\frac{11}{8}$

4 ① $\frac{15}{63}$，$\frac{16}{63}$，$\frac{17}{63}$ ② $\frac{16}{63}$，$\frac{17}{63}$

考え方

1 ① $0.1=\frac{1}{10}$，$0.01=\frac{1}{100}$ などを使って，小数を分数で表します。

2.7は，0.1が27個だから，

$2.7=\frac{27}{10}$

② 分子の数を分母の数でわった商を小数で求めることで，分数を小数で表すことができます。

$1\frac{3}{8}=\frac{11}{8}=11\div8=1.375$

2 分母の数がちがう分数のたし算・ひき算は，通分してから計算します。

① $\frac{3}{4}+1\frac{1}{3}=\frac{9}{12}+1\frac{4}{12}$

$=1\frac{13}{12}=2\frac{1}{12}$

② $5\frac{1}{6}-3\frac{8}{9}=5\frac{3}{18}-3\frac{16}{18}$

$=4\frac{21}{18}-3\frac{16}{18}=1\frac{5}{18}$

③ $2.25=\frac{\overset{9}{\cancel{225}}}{\underset{4}{\cancel{100}}}=\frac{9}{4}=2\frac{1}{4}$ だから，

$1\frac{2}{3}+2.25-3\frac{1}{12}$

$=1\frac{2}{3}+2\frac{1}{4}-3\frac{1}{12}$

$=1\frac{8}{12}+2\frac{3}{12}-3\frac{1}{12}=\frac{\overset{5}{\cancel{10}}}{\underset{6}{\cancel{12}}}=\frac{5}{6}$

④ $3.6=\frac{\overset{18}{\cancel{36}}}{\underset{5}{\cancel{10}}}=\frac{18}{5}=3\frac{3}{5}$ だから，

$3.6-1\frac{1}{8}+\frac{21}{40}$

$=3\frac{3}{5}-1\frac{1}{8}+\frac{21}{40}$

$=3\frac{24}{40}-1\frac{5}{40}+\frac{21}{40}=2\frac{\overset{1}{\cancel{40}}}{\underset{1}{\cancel{40}}}=3$

3 通分して，大きさを比(くら)べます。

① $\frac{5}{8}=\frac{45}{72}$，$\frac{7}{12}=\frac{42}{72}$ だから，

$\frac{7}{12}\to\frac{5}{8}\to\frac{47}{72}$

② $1.25=\frac{5}{4}=\frac{50}{40}$，$\frac{11}{8}=\frac{55}{40}$，

$\frac{27}{20}=\frac{54}{40}$ だから，$1.25\to\frac{27}{20}\to\frac{11}{8}$

4 ① $\frac{2}{9}$ と $\frac{2}{7}$ の分母を63にすると，

$\frac{2}{9}=\frac{14}{63}$，$\frac{2}{7}=\frac{18}{63}$

したがって，求める分数は，

$\frac{15}{63}$，$\frac{16}{63}$，$\frac{17}{63}$

② $\frac{\overset{5}{\cancel{15}}}{\underset{21}{\cancel{63}}}=\frac{5}{21}$ と約分できますが，

$\frac{16}{63}$ と $\frac{17}{63}$ は約分できません。

17 分数のたし算とひき算 ②

答え

1 $2\frac{11}{12}\left(=\frac{35}{12}\right)$ L

2 けんじさんの家までのほうが

$\frac{1}{36}$ km 遠い。

3 ❶ **ア** $2\frac{1}{4}\left(=\frac{9}{4}\right)$ **イ** $\frac{1}{8}$

❷ ともや $\frac{19}{16}\left(=1\frac{3}{16}\right)$ m

りょうすけ $\frac{17}{16}\left(=1\frac{1}{16}\right)$ m

考え方

1 A，Bのびんに入っている牛乳の量の和は，Aの牛乳の量＋Bの牛乳の量で求められるので，

$1\frac{1}{4}+1\frac{2}{3}=1\frac{3}{12}+1\frac{8}{12}$

$=2\frac{11}{12}$ (L)

2 まさよしさんの家からけんじさんの家までの道のりは，

$3\frac{7}{12}+1\frac{11}{18}=3\frac{21}{36}+1\frac{22}{36}$

$=4\frac{43}{36}=5\frac{7}{36}$ (km)

そうたさんの家までの道のりは，

$5\frac{1}{6}=5\frac{6}{36}$ (km)

$5\frac{7}{36}>5\frac{6}{36}$ で，

$5\frac{7}{36}-5\frac{6}{36}=\frac{1}{36}$ (km)

したがって，けんじさんの家までの道のりのほうがそうたさんの家までの道のりより $\frac{1}{36}$ km 遠いことがわかります。

3 2つ以上の数量の和と差に注目して，それぞれの大きさを求める問題です。「和差算」とよばれています。❶の図をうまく利用して，ともやさんとりょうすけさんの持つテープの長さを求めましょう。

❶ ともやさんとりょうすけさんの持つテープの差は $\frac{1}{8}$ m，和は $2\frac{1}{4}$ m だから，**ア**は $2\frac{1}{4}$，**イ**は $\frac{1}{8}$ が入ります。

❷

$2\frac{1}{4}$ m に $\frac{1}{8}$ m をたした長さは，ともやさんのテープの長さの2倍だから，ともやさんのテープの長さは，

$\left(2\frac{1}{4}+\frac{1}{8}\right)\div 2=\left(2\frac{2}{8}+\frac{1}{8}\right)\div 2$

$=2\frac{3}{8}\div 2=\frac{19}{8}\div 2=\frac{19}{16}$ (m)

りょうすけさんのテープは，ともやさんのテープより $\frac{1}{8}$ m 短いので，

$\frac{19}{16}-\frac{1}{8}=\frac{19}{16}-\frac{2}{16}=\frac{17}{16}$ (m)

18 三角形の角度

答え

1 ① 105°　② 70°

2 ① 120°　② 40°

3 ㋐ 60°　㋑ 30°

考え方

1 三角形の3つの角の大きさの和は180°です。これを用いて考えましょう。

① 三角形の3つの角の大きさの和は180°だから，㋐の角度は，

$180° - (30° + 45°) = 105°$

② 右の図で，三角形ABCは二等辺三角形だから，㋒の角度と㋓の角度は等しくなっています。㋒の角度は55°なので，㋑の角度は，

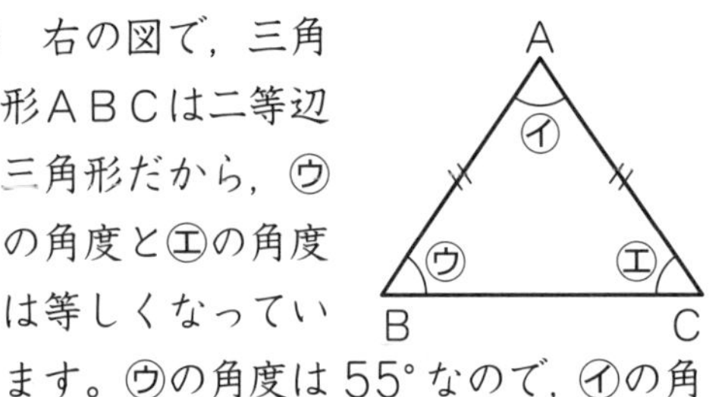

$180° - 55° \times 2 = 70°$

2 ① 下の図で，㋒の角度は，

$180° - (45° + 75°) = 60°$

したがって，㋐の角度は，

$180° - 60° = 120°$

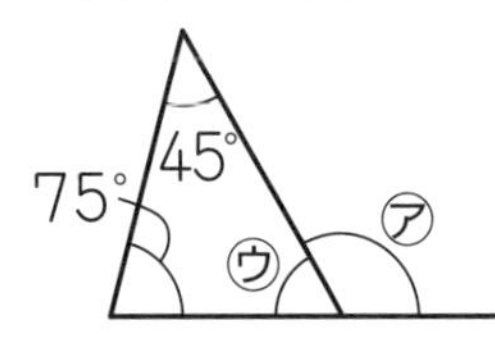

② 右上の図で，㋓の角度は，

$180° - 130° = 50°$

㋔の角度は，

$180° - 90° = 90°$

したがって，㋑の角度は，

$180° - (50° + 90°) = 40°$

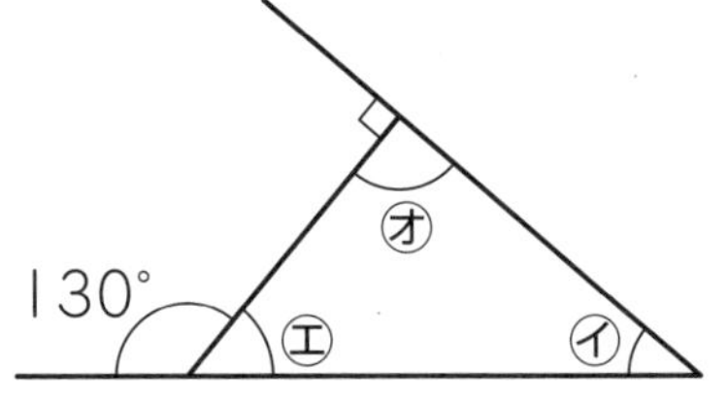

〔別解〕

㋐，㋑の角度は，内角と外角の関係を使って求めることもできます。

① 角㋐は，角㋒の外角だから，

$45° + 75° = 120°$

② 角㋓の外角が130°だから，

(㋑の角度) ＋ (㋔の角度) ＝ 130°

㋔の角度は，$180° - 90° = 90°$ だから，

(㋑の角度) ＋ 90° ＝ 130°

したがって，㋑の角度は，

$130° - 90° = 40°$

3 三角形ABCは正三角形なので，3つの角の大きさが等しく，1つの角の大きさは，

$180° \div 3 = 60°$

つまり，下の図で㋐の角度は60°です。

また，㋒の角度は，

$180° - 60° = 120°$

三角形ACDは辺ACと辺CDの長さが等しい二等辺三角形なので，㋑の角度と㋓の角度は等しくなっています。したがって，㋑の角度は，

$(180° - 120°) \div 2 = 30°$

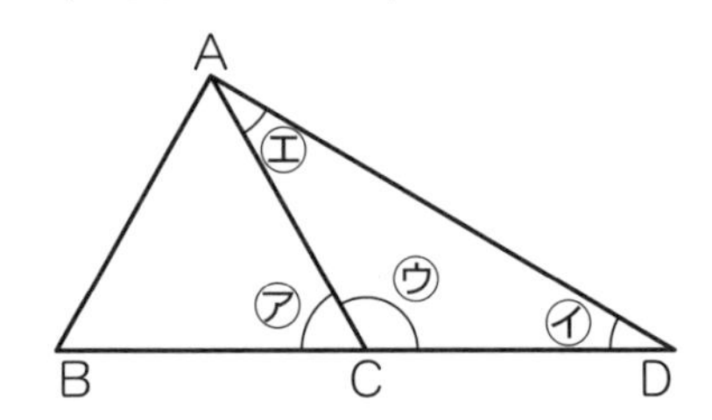

19 四角形の角度

答え

1 ❶ 98°　❷ 22°　❸ 88°　❹ 96°

2 ㋐ 50°　㋑ 35°

3 ㋐ 55°　㋑ 20°

考え方

1 四角形の4つの角の大きさの和は360°です。

❶ 360° −（72° + 67° + 123°）
= 98°

❷ 右の図の角㋔以外の3つの角の大きさの和は，

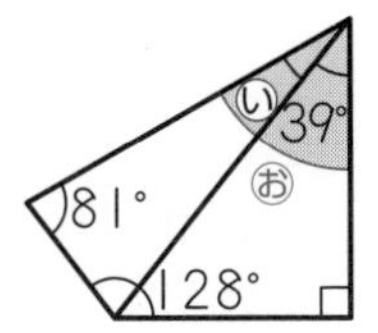

81° + 128° + 90°
= 299°

だから，角㋔の大きさは，
360° − 299° = 61°

したがって，角㋑の大きさは，
61° − 39° = 22°

❸ 右の図で，角㋕の大きさは，

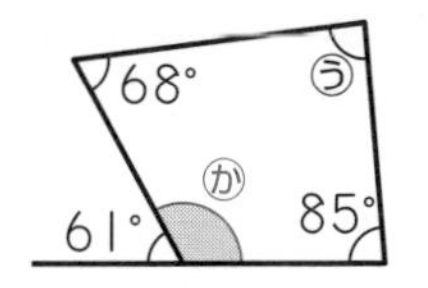

180° − 61°
= 119°

したがって，角㋒の大きさは，
360° −(68° + 119° + 85°) = 88°

❹ へこみのある四角形でも，右の図のように2つの三角形に分けられるので，4つの角の大きさの和は，

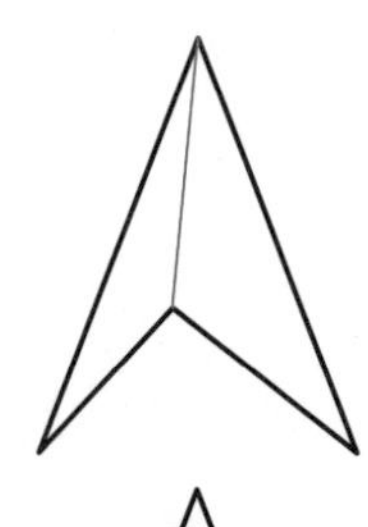

180° × 2 = 360°

右の図の角㋖以外の3つの大きさの和は，

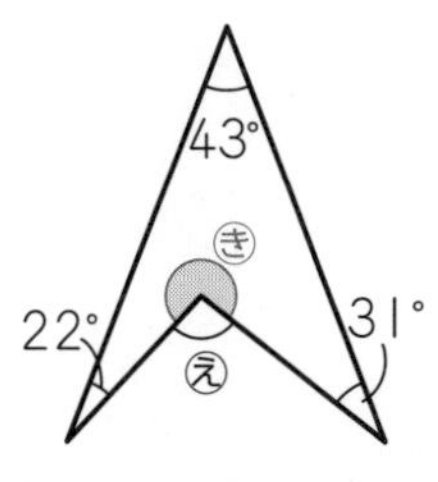

43° + 22° + 31°
= 96°

だから，角㋖の大きさは，
360° − 96° = 264°

したがって，角㋓の大きさは，
360° − 264° = 96°

なお，へこみのある四角形における角㋓の大きさは，角㋖以外の3つの角の大きさの和と等しくなります。

2 三角形ABCは二等辺三角形だから，右の図の角㋒の大きさは25°です。したがって，

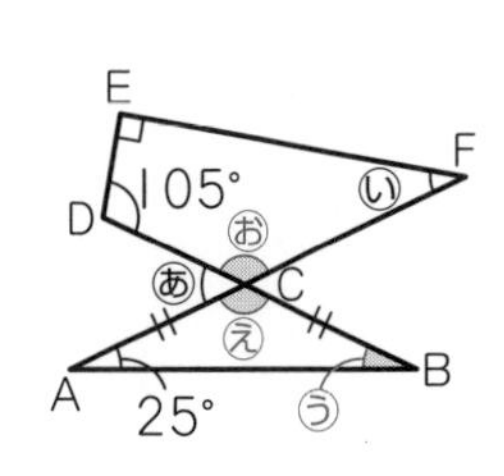

角㋓の大きさは，
180° −（25° + 25°）= 130°

角㋐の大きさは，
180° − 130° = 50°

また，角㋔の大きさは，角㋓の大きさと等しいので，130°です。したがって，四角形CDEFに注目して角㋑の大きさを求めると，
360° −(130° + 105° + 90°) = 35°

3 右の図の角㋒の大きさは，

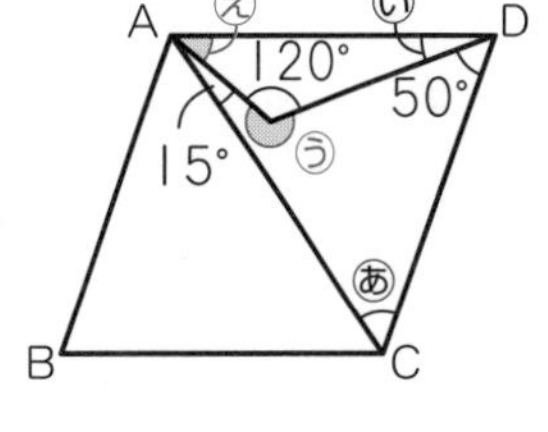

360° − 120°
= 240°

したがって，角㋐の大きさは，
360° −（15° + 240° + 50°）
= 55°

また，四角形ABCDはひし形だから，三角形ACDは，AD = CDの二等辺三角形です。したがって，角㋓の大きさは，
55° − 15° = 40°

以上より，角㋑の大きさは，
180° −（120° + 40°）= 20°

20 平行四辺形の面積

答え

1 ① 20cm^2　② 31cm^2
③ 12.5cm^2　④ 67.2cm^2

2 ① 10.5　② 15

3 112m^2

考え方

1 　平行四辺形の面積＝底辺×高さ
で求めることができます。

① 下の図で，辺ＢＣを底辺とすると，直線ＡＥの長さが高さになるので，面積は，$4 \times 5 = 20$（cm^2）

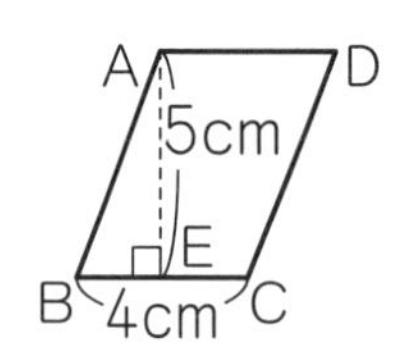

② 下の図で，辺ＣＤを底辺とすると，直線ＥＦの長さが高さになるので，面積は，$6.2 \times 5 = 31$（cm^2）

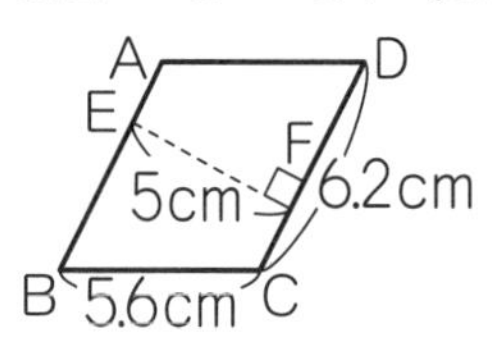

③ 下の図で，辺ＢＣを底辺とすると，直線ＡＥの長さが高さになるので，面積は，$2.5 \times 5 = 12.5$（cm^2）

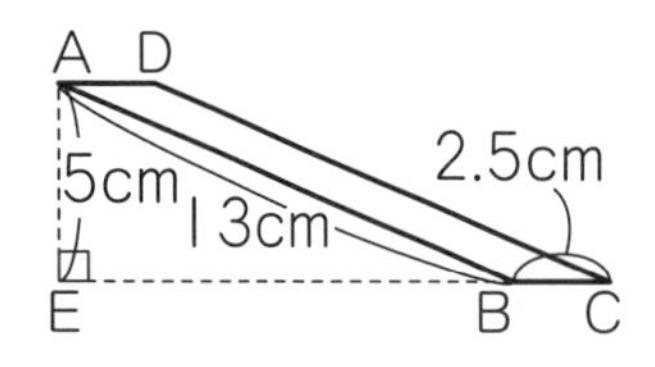

④ 右上の図で，辺ＡＢを底辺とすると，直線ＣＥの長さが高さになるので，面積は，$8.4 \times 8 = 67.2$（cm^2）

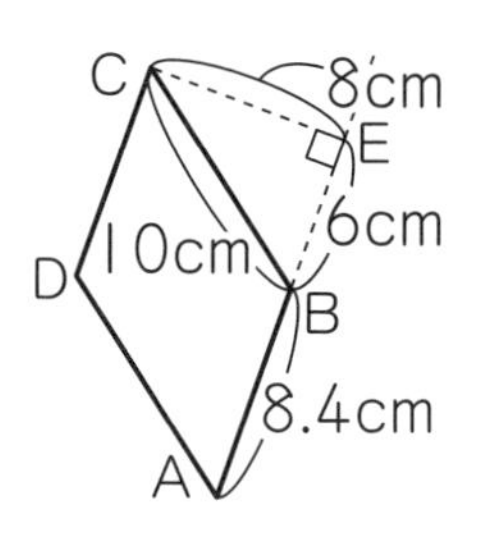

2 ① 底辺＝平行四辺形の面積÷高さ
で求めます。高さが 12cm，面積が 126cm^2 だから，
$126 \div 12 = 10.5$（cm）

② 下の図で，辺ＣＤを底辺とすると，直線ＤＥの長さが高さになるので，面積は，$10 \times 12 = 120$（cm^2）
次に，辺ＢＣを底辺とすると，直線ＡＦの長さが高さになるので，辺ＢＣの長さは，$120 \div 8 = 15$（cm）

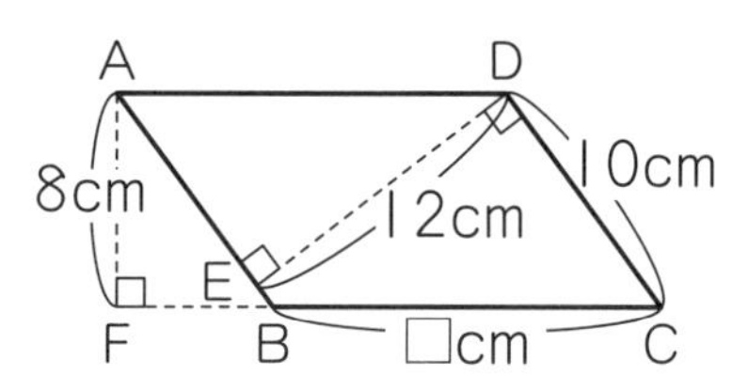

3 面積を変えないで，右のように道の形を変えて考えます。
求める面積は，右の最後の図の色がついている平行四辺形と等しくなります。
この平行四辺形の底辺と高さは，

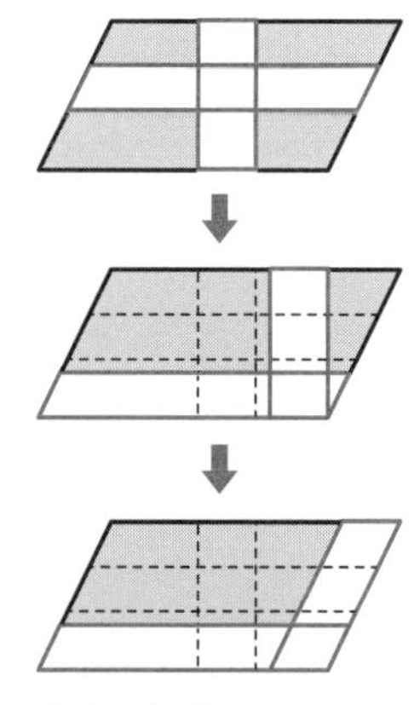

底辺…$20 - 4 = 16$（m）
高さ…$10 - 3 = 7$（m）
したがって，花だんの面積は，
$16 \times 7 = 112$（m^2）

21 三角形の面積

答え

1 ❶ 52cm^2　❷ 15.6cm^2

2 ❶ 12.5　❷ 84.1

3 ❶ ㋑　❷ ㋒

4 186cm^2

考え方

1 三角形の面積＝底辺×高さ÷2 で求めることができます。

❶ 下の図で，辺ＢＣを底辺とすると，直線ＡＤの長さが高さになるので，面積は，$13 \times 8 \div 2 = 52$（cm^2）

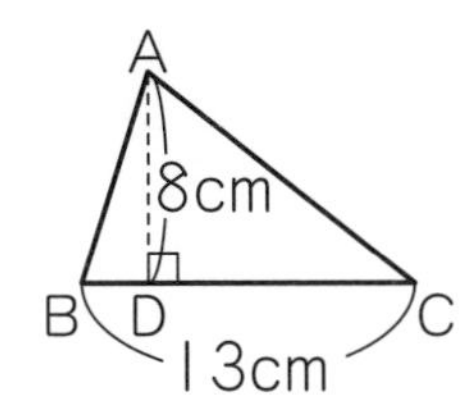

❷ 下の図で，辺ＢＣを底辺とすると，直線ＡＤの長さが高さになるので，面積は，$5.2 \times 6 \div 2 = 15.6$（cm^2）

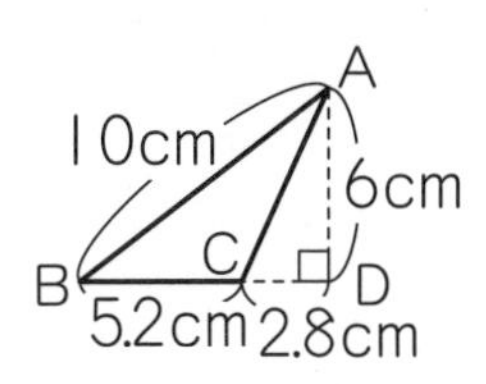

2 ❶ 底辺＝三角形の面積×2÷高さ で求めることができます。高さが12cm，面積が75cm^{2}なので，

$75 \times 2 \div 12 = 12.5$（cm）

❷ 右上の図で，辺ＡＢを底辺とすると，辺ＡＣの長さが高さになるので，この三角形の面積は，

$58 \times 60.9 \div 2 = 1766.1$（cm^2）

また，辺ＢＣを底辺とすると，直線ＡＤの長さが高さになるので，辺ＢＣの長さは，

$1766.1 \times 2 \div 42 = 84.1$（cm）

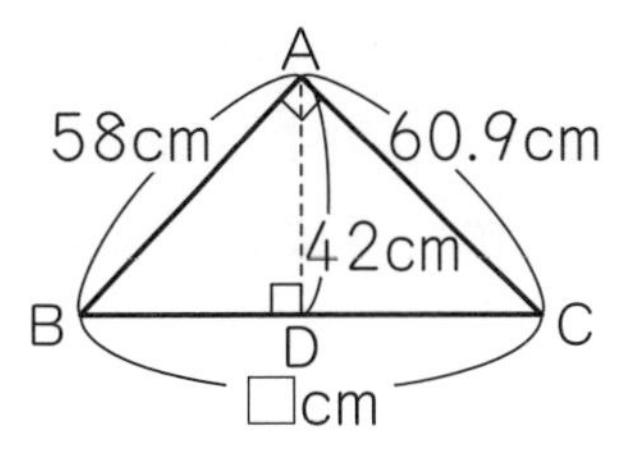

3 ㋐～㋓の三角形は，どれも高さが同じなので，底辺の長さで面積の大小が比(くら)べられます。つまり，底辺の長さが短いほど面積は小さく，底辺の長さが長いほど面積は大きくなります。

❶ 面積がいちばん小さい三角形は，底辺の長さがいちばん短い㋑です。

❷ ㋐と底辺の長さが同じ三角形が答えになるので，㋒です。

4

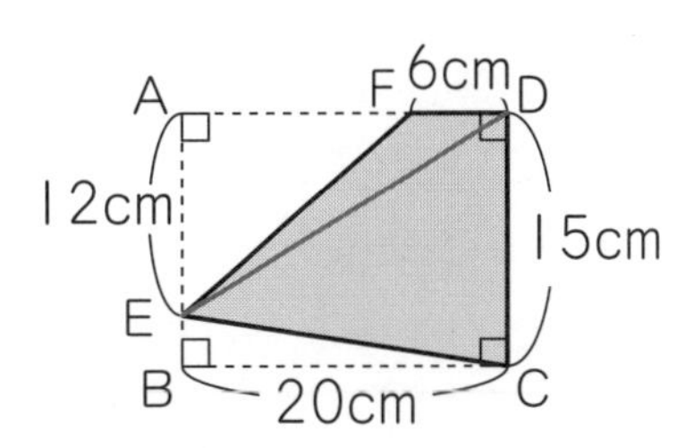

上の図のように，頂点(ちょうてん)Ｄと頂点Ｅを結んで考えます。

三角形ＣＤＥの面積は，

$15 \times 20 \div 2 = 150$（cm^2）

三角形ＤＦＥの面積は，

$6 \times 12 \div 2 = 36$（cm^2）

したがって，求める面積は，

$150 + 36 = 186$（cm^2）

22 台形の面積

答え

1 ① $36cm^2$　② $132cm^2$
③ $102cm^2$　④ $53.12cm^2$

2 9cm

3 ① ㋐→㋑→㋓→㋒
② ㋑→㋓→㋒→㋐

考え方

1 台形の面積＝(上底＋下底)×高さ÷2
で求めることができます。

① 右の図の辺ADを上底，辺BCを下底，直線DEの長さを高さとすると，この台形の面積は，

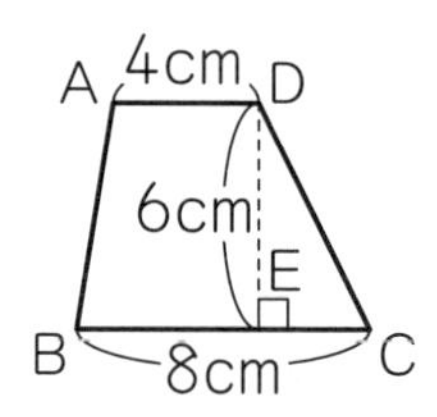

$(4 + 8) \times 6 \div 2 = 36$ (cm^2)

② 下の図の辺ADを上底，辺BCを下底，直線DEの長さを高さとすると，この台形の面積は，

$(15 + 7) \times 12 \div 2 = 132(cm^2)$

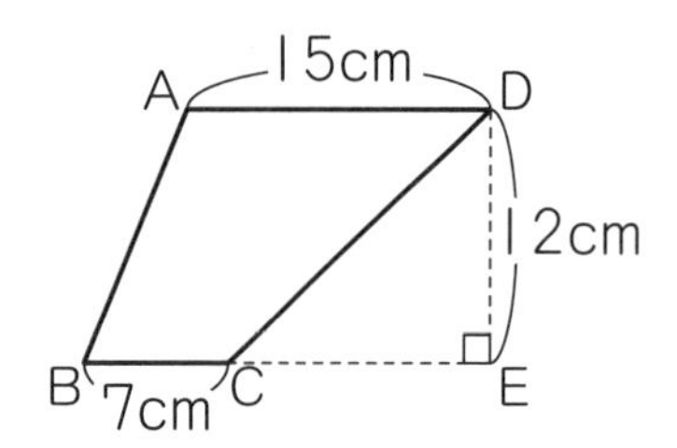

③ 右の図の辺ADを上底，辺BCを下底とすると，辺CDの長さが高さになるので，この台形の面積は，

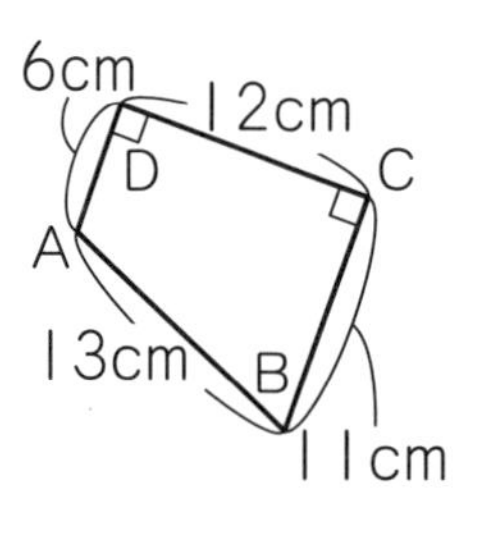

$(6 + 11) \times 12 \div 2 = 102(cm^2)$

④ 右の図の辺ABを上底，辺CDを下底，直線EFの長さを高さとすると，この台形の面積は，

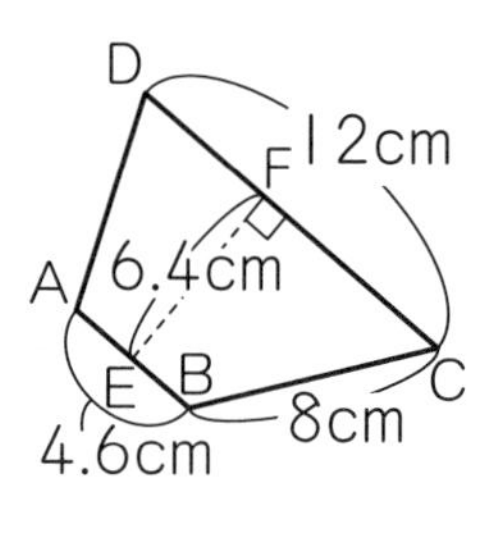

$(4.6+12) \times 6.4 \div 2 = 53.12(cm^2)$

2 平行四辺形の面積は，

$15 \times 4.2 = 63$ (cm^2)

これと，辺ADを上底，辺BCを下底，直線EFの長さを高さとする台形の面積が等しいので，高さを□cmとすると，

$(10 + 4) \times □ \div 2 = 63$
$14 \times □ \div 2 = 63$

$14 \times □$は，$63 \times 2 = 126$なので，□は，

$126 \div 14 = 9$

3 ① ㋐～㋓の台形は，どれも高さが同じなので，(上底＋下底) の大きさで面積の大小が比(くら)べられます。

㋐…$1 + 4 = 5$
㋑…$2 + 6 = 8$
㋒…$6 + 4 = 10$
㋓…$3 + 6 = 9$

したがって，㋐→㋑→㋓→㋒です。

② どの図形も高さが同じなので，
㋐　台形の，(上底＋下底) ÷ 2
㋑　長方形の，横の長さ
㋒　三角形の，底辺÷ 2
㋓　平行四辺形の，底辺の長さ
の大きさで面積の大小が比べられます。

㋐… $(2 + 8) \div 2 = 5$
㋑…3
㋒…$9 \div 2 = 4.5$
㋓…4

したがって，㋑→㋓→㋒→㋐です。

23 ひし形の面積

答え

1 ❶ $36cm^2$　❷ $320cm^2$

2 ❶ $200cm^2$　❷ $12cm^2$

3 ❶ $64cm^2$　❷ 4cm

考え方

1 　ひし形の面積＝対角線×対角線÷２ で求めることができます。

❶ 下の図で，対角線ＡＣの長さは12cm，対角線ＢＤの長さは6cmなので，面積は，

$12 \times 6 \div 2 = 36\ (cm^2)$

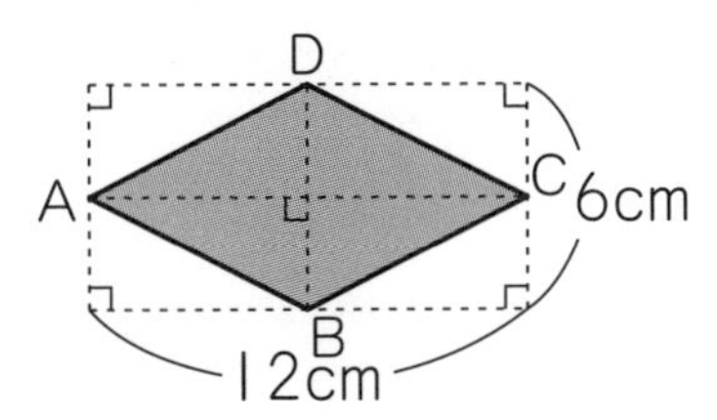

❷ 右の図で，対角線ＡＣの長さは，

$10 \times 2 = 20 (cm)$

対角線ＢＤの長さは32cmなので，面積は，

$20 \times 32 \div 2$

$= 320\ (cm^2)$

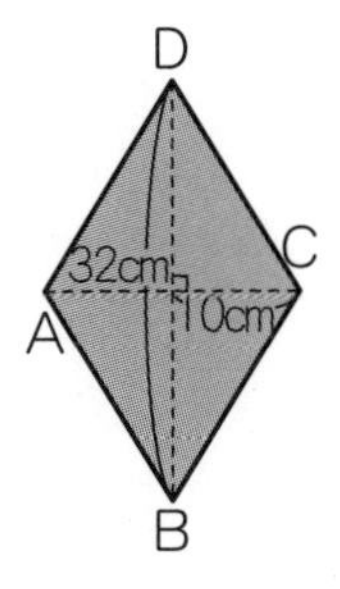

2 ❶ 問題の正方形は，対角線の長さが，

$10 \times 2 = 20\ (cm)$

のひし形と考えることができるので，その面積は，

$20 \times 20 \div 2 = 200\ (cm^2)$

❷ 下の図で，長方形ＥＦＧＨの面積は，

$4 \times 6 = 24\ (cm^2)$

下の図の長方形ＡＢＣＤの面積は，長方形ＥＦＧＨの面積の半分なので，

$24 \div 2 = 12\ (cm^2)$

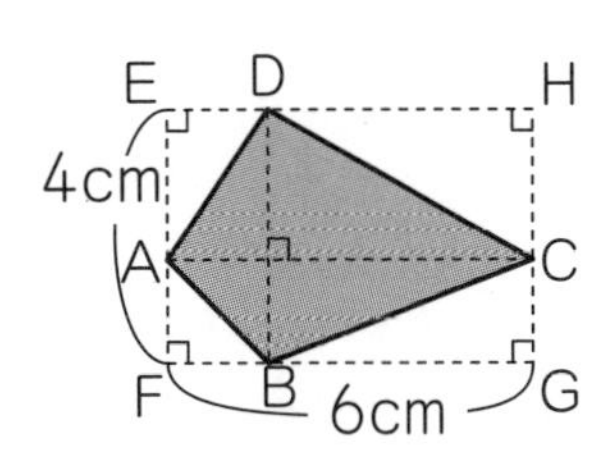

3 ❶ 辺**アイ**，辺**イウ**，辺**ウエ**，辺**エア**の真ん中の点を結んでできた正方形は，対角線の長さが16cmのひし形と考えることができるので，その面積は，

$16 \times 16 \div 2 = 128\ (cm^2)$

つまり，１辺16cmの正方形**アイウエ**の面積の半分になります。

同じように考えると，正方形**オカキク**の面積は，辺**アイ**，辺**イウ**，辺**ウエ**，辺**エア**の真ん中の点を結んでできた正方形の面積の半分になるので，

$128 \div 2 = 64\ (cm^2)$

❷ ❶と同じように考えると，色のついた正方形の面積は，正方形**オカキク**の面積を２回２でわれば求めることができるので，

$64 \div 2 \div 2 = 16\ (cm^2)$

色のついた正方形の１辺の長さを□cmとすると，□は，

□×□＝16

を満たす数です。$4 \times 4 = 16$ だから，□は４です。

24 平均

答え

1 33.3kg

2 ① 0.61m　② (約) 408.7m

3 ① 91 点　② 96 点

考え方

1 平均は，次の式で求めることができます。

平均＝合計÷個数（こすう）

5 人の体重の合計は，

34.8 + 31.5 + 33.7 + 34.1 + 32.4

= 166.5 (kg)

だから，平均は，

166.5 ÷ 5 = 33.3 (kg)

このように求めることもできますが，30kg より上の部分だけをならしたと考えて，次のように解くこともできます。

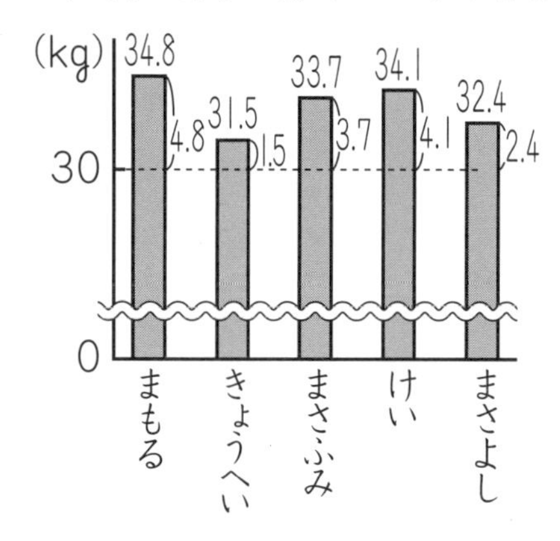

(4.8 + 1.5 + 3.7 + 4.1 + 2.4) ÷ 5

= 16.5 ÷ 5

= 3.3 (kg)

したがって，30kg からみて，平均すると 3.3kg だけ重いので，体重の平均は，

30 + 3.3 = 33.3 (kg)

2 ① りえさんは 40 歩で 24.4m 歩いたので，1 歩の歩はばの平均は，

24.4 ÷ 40 = 0.61 (m)

② ①の結果からりえさんの 1 歩の歩はばを 0.61m と考えると，学校から図書館までの道のりは，

0.61 × 670 = 408.7 (m)

3 ① 6 回のテストの平均点が 87 点だから，6 回のテストの合計点は，6 回とも 87 点だったときの合計点と同じと考えられます。

だから，6 回のテストの合計点は，

87 × 6 = 522 (点)

4 回目以外のテストの合計点は，

85 + 92 + 75 + 90 + 89

= 431 (点)

したがって，4 回目のテストの点数は，

522 − 431 = 91 (点)

② 平均点が 89 点だから，1 回目から 6 回目の 6 回のテストの合計点は，

89 × 6 = 534 (点)

1 回目から 7 回目までの 7 回のテストの平均点を 90 点以上にするのに必要な点数の合計は，

90 × 7 = 630 (点)

以上です。だから，7 回目のテストで必要な点数は，

630 − 534 = 96 (点)

25 単位量あたり

答え

1 Aのほうが1円高い

2 ❶ 2dL ❷ 5.5m

3 ❶A町 70人
B町 50人
C町 48人

❷理由…
A町とB町が合併した場合，人口，
42000 + 27000 = 69000(人)，
面積，600 + 540 = 1140(km^2)
だから，人口密度を小数第二位まで求めると，
69000 ÷ 1140 = 60.52…（人）
A町とC町が合併した場合，人口，
42000 + 18000 = 60000(人)，
面積，600 + 375 = 975（km^2）
だから，人口密度を小数第二位まで求めると，
60000 ÷ 975 = 61.53…（人）
したがって，B町と合併したときのほうが，人口密度が低い。
町の名前…B町

考え方

1 1dLあたりのジュースのねだんは，
ジュースのねだん÷ジュースの量
です。1L = 10dLだから，
2L4dL = 24dL
5L5dL = 55dL
1dLあたりのねだんは，
A…360 ÷ 24 = 15（円）
B…770 ÷ 55 = 14（円）
したがって，1dLあたりのねだんで比(くら)べると，Aのほうが1円高いことがわかります。

2 ❶ 1m^2あたりのペンキの量は，
必要なペンキの量÷面積
だから，9 ÷ 4.5 = 2（dL）

❷ ❶より，1m^2のかべをぬるのに必要なペンキの量は2dLだから26.4dLのペンキでは，
26.4 ÷ 2 = 13.2（m^2）
のかべをぬることができます。たての長さが2.4mの長方形のかべだから，横の長さは，
13.2 ÷ 2.4 = 5.5（m）

3 ❶ 人口密度＝人口（人）÷面積（km^2）
だから，A町は，
42000 ÷ 600 = 70（人）
B町は，
27000 ÷ 540 = 50（人）
C町は，
18000 ÷ 375 = 48（人）

❷ 合併した後の人口や面積は計算で求められるので，理由にふくめて説明しましょう。
また，「理由」として，次の2点がふくまれていれば正解とします。
・A町とB町が合併した場合の人口密度と，A町とC町が合併した場合の人口密度を計算で求めている
・B町と合併したときのほうが人口密度が低いことを示(しめ)している

なお，「人口密度が低い町と合併するほうが新しい町の人口密度が低くなる」と考えて「C町」を選んでしまった人もいるかもしれませんが，そうなるとは限りません。必ず，それぞれの場合の人口と面積を計算して，そこから人口密度を計算で求めましょう。

26 速さ ①

答え

1 ❶ 480　❷ 65
❸ 750，45　❹ 15，54
❺ 120，7.2

2 ❶ 秒速 52cm　❷ 分速 250m
❸ 時速 3.6km　❹ 時速 48km

3 フェリー

考え方

1 ❶ 1 秒間に 8m 進むので，1 分間（60 秒間）では，8 × 60 = 480（m）
したがって，分速 480m

❷ 1 時間（60 分間）に，3.9km = 3900m 進むので，1 分間では，
3900 ÷ 60 = 65（m）
したがって，分速 65m

❸ 1 秒間に 12.5m 進むので，1 分間（60 秒間）では，
12.5 × 60 = 750（m）
1 分間に 750m 進むので，1 時間（60 分間）では，
750 × 60 = 45000（m）
45000m = 45km
以上より，分速 750m，時速 45km

❹ 1 分間（60 秒間）に 900m 進むので，1 秒間では，900÷60=15（m）
1 分間に 900m 進むので，1 時間（60 分間）では，
900 × 60 = 54000（m）
54000m = 54km
以上より，秒速 15m，時速 54km

❺ 1 時間（60 分間）に 432km 進むので，1 分間では，432÷60=7.2（km）
1 分間（60 秒間）に，7.2km= 7200m 進むので，1 秒間では，
7200 ÷ 60 = 120（m）
以上より，秒速 120m，分速 7.2km

2 速さ=道のり÷時間を使って求めます。

❶ 7m80cm = 780cm
15 秒間で 780cm 進むから，1 秒間で，
780 ÷ 15 = 52（cm）
したがって，秒速 52cm です。

❷ 10km = 10000m
40 分間で 10000m 走るから，1 分間で，
10000 ÷ 40 = 250（m）
したがって，分速 250m です。

❸ 2 時間 30 分= 2.5 時間
2.5 時間で 9km 歩くから，1 時間で，
9 ÷ 2.5 = 3.6（km）
したがって，時速 3.6km です。

❹ 45 分間に 36km 走るから，1 分間で，
36 ÷ 45 = 0.8（km）
だから，1 時間（60 分間）では，
0.8 × 60 = 48（km）
したがって，時速 48km です。

3 自転車の速さは，63 ÷ 3 = 21 より，時速 21km です。
フェリーの速さは，9.5 ÷ 25 = 0.38 より，分速 0.38km です。これを時速で表すと，0.38 × 60 = 22.8 より，時速 22.8km です。
したがって，フェリーのほうが速いです。
〔別解〕
自転車の速さを分速で表して考えることもできます。21 ÷ 60 = 0.35 より，自転車の速さは分速 0.35km です。フェリーの速さは分速 0.38km だから，フェリーのほうが速いです。

27 速さ ②

答え

1 ① 168km　② 2040m
③ 12 分　④ 5 時間 15 分

2 ① 65km　② 2 時間 30 分

3 ① 2 時間 30 分　② 時速 48km

考え方

1 道のりと時間は，次の式で求めることができます。

道のり＝速さ×時間
時間＝道のり÷速さ

① この自動車は 1 時間で 84km 走るので，2 時間で走る道のりは，
$84 \times 2 = 168$ (km)

② 音は 1 秒間で 340m 進むので，6 秒間で進む道のりは，
$340 \times 6 = 2040$ (m)

③ 1 分間で 80m 歩くので，960m 歩くのにかかる時間は，
$960 \div 80 = 12$ (分)

④ 168km の道のりを 3 時間で走る自動車の速さは，$168 \div 3 = 56$ より時速 56km です。この速さで 294km 走るのにかかる時間は，

$$294 \div 56 = \frac{21}{4} = 5\frac{1}{4} \text{ (時間)}$$

$\frac{1}{4}$ 時間＝15 分だから，かかる時間は，
5 時間 15 分

2 ① 1 時間 40 分＝100 分，
分速 650m＝分速 0.65km
だから，道のり＝速さ×時間より，
$0.65 \times 100 = 65$ (km)

② 1 秒間で，200m＝0.2km 進みます。$0.2 \times 60 \times 60 = 720$(km) より，この飛行機は時速 720km で飛びます。1800km 飛ぶのにかかる時間は，時間＝道のり÷速さより，
$1800 \div 720 = 2.5$ (時間)
したがって，2 時間 30 分です。

3 ① 行きにかかった時間は，
$60 \div 60 = 1$ (時間)
帰りにかかった時間は，
$60 \div 40 = 1.5$ (時間)
だから，往復にかかった時間は，
$1 + 1.5 = 2.5$ (時間)
0.5 時間＝30 分だから，2 時間 30 分

② 片道(かたみち)が 60km だから，往復したときの道のりは，$60 \times 2 = 120$ (km)
往復したときの平均の速さは，
平均の速さ
＝往復の道のり÷往復にかかった時間
で求められるから，
$120 \div 2.5 = 48$
したがって，時速 48km です。

28 いろいろな図形の面積

答え

1 ① $50cm^2$　② $73.5cm^2$
③ $31.82cm^2$
④ $25.5cm^2$　⑤ $9.6cm^2$

2

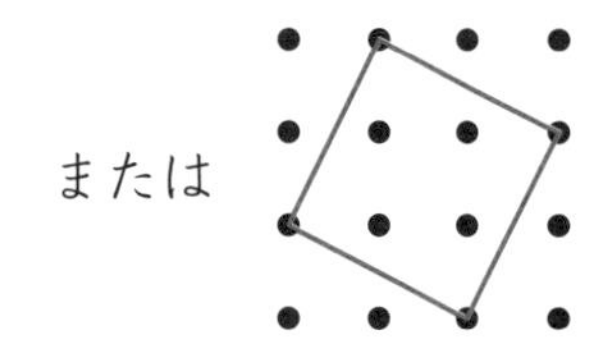

考え方

1 ① 右の図で，三角形ＡＢＣの面積と三角形ＡＣＤの面積の和を考えます。

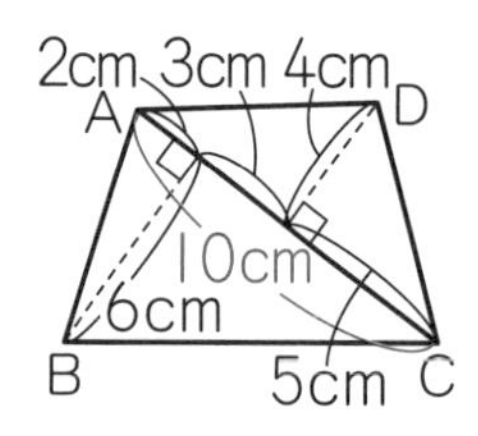

$10 \times 6 \div 2 + 10 \times 4 \div 2$
$= 50\ (cm^2)$

② 平行四辺形ＡＢＣＤと三角形ＡＤＥの面積の和を考えます。

$7 \times 5 + 7 \times 11 \div 2 = 73.5(cm^2)$

③

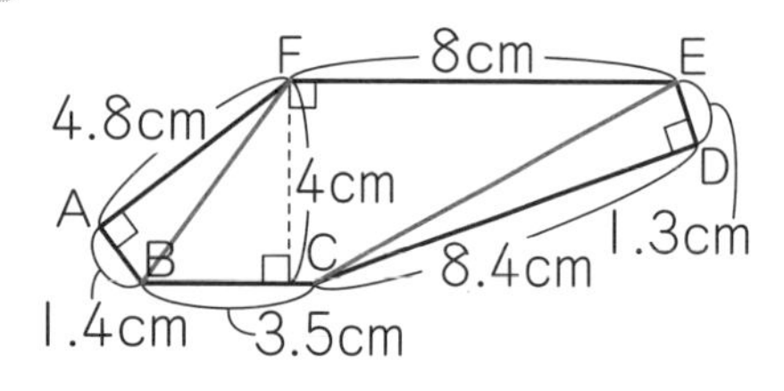

上の図のように，３つの図形に分けて考えます。

三角形ＡＢＦの面積は，

$1.4 \times 4.8 \div 2 = 3.36\ (cm^2)$

四角形ＢＣＥＦは，上底 8cm，下底 3.5 cm，高さ 4cm の台形なので，面積は，

$(8 + 3.5) \times 4 \div 2 = 23\ (cm^2)$

三角形ＣＤＥの面積は，

$8.4 \times 1.3 \div 2 = 5.46\ (cm^2)$

したがって，求める面積は，

$3.36 + 23 + 5.46 = 31.82(cm^2)$

④ 四角形ＡＢＣＤは正方形だから，直線ＥＢ，ＣＤ，ＤＧの長さは右の図のようになります。色のついた部分の面積は，正方形ＡＢＣＤの面積から三角形ＡＥＧ，三角形ＥＢＦ，台形ＦＣＤＧの面積をひいて求めます。

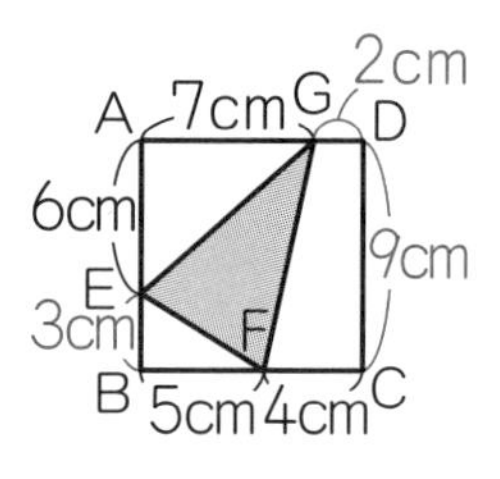

⑤

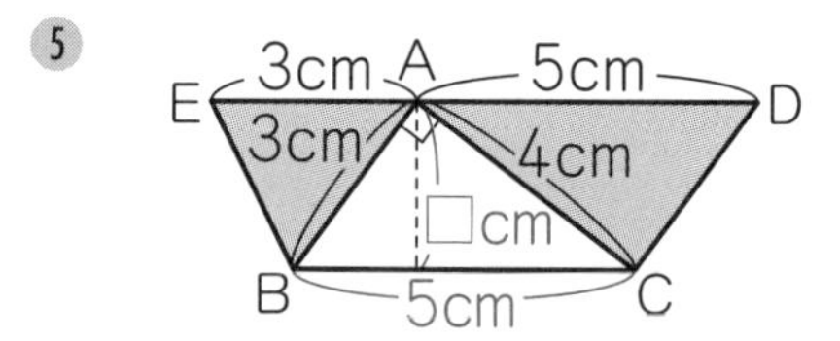

三角形ＡＢＣの面積は，

$3 \times 4 \div 2 = 6\ (cm^2)$

だから，辺ＢＣを底辺としたときの高さを□ cm とすると，

$5 \times □ \div 2 = 6$

$5 \times □$は，$6 \times 2 = 12$ なので，□は，

$12 \div 5 = 2.4$

色のついた部分の面積は，三角形ＥＢＡと三角形ＡＣＤの面積の和だから，

$3 \times 2.4 \div 2 + 5 \times 2.4 \div 2$
$= 9.6\ (cm^2)$

2 面積が $5cm^2$ になる正方形について，２つの同じ数をかけて「5」になる整数はありません。そこで，１辺 3cm の正方形から，いくつかの図形を取りのぞいて，$5cm^2$ の正方形を作ることを考えます。

下のように，面積 $1cm^2$ の三角形を４つ取りのぞきます。

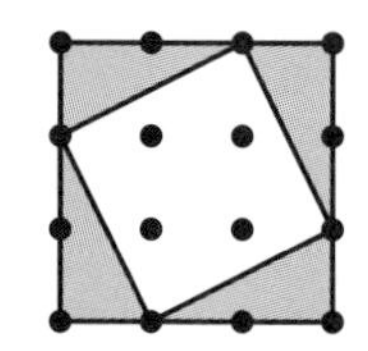

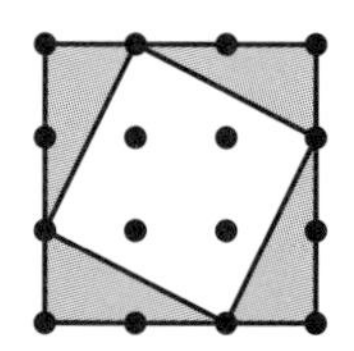

29 割合 ①

答え

1 ① 23% ② 70% ③ 0.53 ④ 1.39

2 ① 1割8分 ② 7割5分
③ 0.39 ④ 0.246

3 ① 20% ② 99人

4 小の箱

考え方

1 小数で表した割合と百分率の関係は，次の式のようになっています。

百分率（%）
＝小数で表した割合×100

① 小数で表した割合を百分率で表すには100倍すればよいので，
$0.23 \times 100 = 23$（%）

② ①と同じように考えて，
$0.7 \times 100 = 70$（%）

③ 百分率を小数で表すには100でわればよいので，
$53 \div 100 = 0.53$

④ ③と同じように考えて，
$139 \div 100 = 1.39$

2 小数で表した割合と歩合の関係は，下の表のようになっています。

歩　合	1割	1分	1厘
小数で表した割合	0.1	0.01	0.001

①

	割	分
0.	1	8

だから，1割8分です。

②

	割	分
0.	7	5

だから，7割5分です。

③ 3割＝0.3，9分＝0.09
だから，3割9分を小数で表すと，
$0.3 + 0.09 = 0.39$

④ 2割＝0.2，4分＝0.04，
6厘＝0.006だから，2割4分6厘を小数で表すと，
$0.2 + 0.04 + 0.006 = 0.246$

3 割合は，次の式で求められます。

割合＝比べられる量÷もとにする量

① もとにする量が150人，比べられる量が180人だから，割合は，
$180 \div 150 = 1.2$
昨年の人数に対して増えた割合を百分率で表すと，
$(1.2-1) \times 100 = 20$（%）

② 5割5分を小数で表すと0.55です。
比べられる量＝もとにする量×割合
で求めることができ，もとにする量が180人，男子の割合が0.55だから，
$180 \times 0.55 = 99$（人）

4 箱の中のカードの合計まい数に対する「★」のカードのまい数の割合を求めます。

大の箱に入っているカードのまい数は全部で，$228 + 12 = 240$（まい）です。比べられる量が12まい，もとにする量が240まいだから，割合は，
$12 \div 240 = 0.05$

小の箱に入っているカードのまい数は全部で，$47 + 3 = 50$（まい）です。比べられる量が3まい，もとにする量が50まいだから，割合は，
$3 \div 50 = 0.06$

以上より，小の箱に入っている「★」のカードのまい数の割合のほうが大きいので，小の箱のほうが「★」のカードが出やすいといえます。

30 割合 ②

答え

1 ❶ 80%　❷ 12.8m　❸ 12.5m

2 ❶ 520 円　❷ 416 円　❸ 4%

考え方

1 割合＝比(くら)べられる量÷もとにする量

この公式を使って，ボールを落とした高さとはね上がる高さを考えます。

❶ 10m（もとにする量）の高さからボールを落とすと，8m(比べられる量)の高さまではね上がるから，割合は，

8 ÷ 10 = 0.8

百分率(ひゃくぶんりつ)で表すと，

0.8×100= 80(%)

❷ 20m の高さから落とすとき，1 回目にはね上がる高さは 80%だから，

20 × 0.8 = 16（m）

2 回目にはね上がる高さも，1 回目にはね上がる高さの 80%，つまり 0.8 倍なので，16 × 0.8 = 12.8（m）

❸ 比べられる量＝もとにする量×割合です。

2 回目にはね上がった高さを□m とすると，□ m（もとにする量）の 0.8 倍（割合）が 6.4m（比べられる量）なので，6.4 =□× 0.8 です。□は，

6.4 ÷ 0.8 = 8

1 回目にはね上がった高さを△m とすると，△ m（もとにする量）の 0.8 倍(割合）が 8m（比べられる量）なので，8 =△× 0.8 です。△は，

8 ÷ 0.8 = 10

最初に落とした高さを○ m とすると，○ m（もとにする量）の 0.8 倍（割合）が 10m（比べられる量）なので，10 =○× 0.8 です。○は，

10 ÷ 0.8 = 12.5

〔別解〕

最初に落とした高さを◇ m とすると，3 回目にはね上がる高さは，

◇× 0.8 × 0.8 × 0.8

で求めることができます。ここで，

0.8 × 0.8 × 0.8 = 0.512

3 回目にはねあがる高さは 6.4m だから，◇× 0.512 = 6.4 となります。

したがって，◇は，

6.4 ÷ 0.512 = 12.5

2 ❶ 30% を小数で表すと，0.3 です。仕入れ値を 1 とすると，定価の割合は，

1 + 0.3 = 1.3

したがって，このクッキーの定価は，

400 × 1.3 = 520（円）

❷ 2 割を小数で表すと，0.2 です。定価を 1 とすると，売ったねだんの割合は，1 − 0.2 = 0.8 です。したがって，このクッキーを売ったねだんは，

520 × 0.8 = 416（円）

❸ 利益は，クッキーを売ったねだんから仕入れ値をひいて求められるので，

416 − 400 = 16（円）

したがって，仕入れ値（400 円）に対するクッキーの利益（16 円）の割合を百分率で求めると，

16 ÷ 400 × 100 = 4（%）

31 割合とグラフ

答え

1 ❶40% ❷3割 ❸3時間36分

2 ❶チョコレート　320円
　クッキー　200円
　せんべい　160円
　ガム　120円
❷6.25cm

考え方

1❶ 円グラフを見ると，すいみん時間の目もりは0から40なので40%です。

❷ 円グラフから，勉強時間は20%，サッカーの時間は10%であることがわかるので，これらをあわせると，

20 + 10 = 30（%）

30%を歩合（ぶあい）で表すと，3割です。

❸ 円グラフより，食事の時間は15%だとわかります。15%を小数で表すと0.15で，もとにする量は，1日（24時間）だから，食事の時間は，

24 × 0.15 = 3.6（時間）

60 × 0.6 = 36より，

0.6時間 = 36分

だから，3.6時間は3時間36分と表せます。

2❶ 帯グラフより，さくらさんが買ったおかしの代金の割合を表にすると，

おかし	割合	小数
チョコレート	40%	0.4
クッキー	25%	0.25
せんべい	20%	0.2
ガム	15%	0.15

もとにする量は，800円だから，それぞれの代金を求めると，

チョコレート

800 × 0.4 = 320（円）

クッキー

800 × 0.25 = 200（円）

せんべい

800 × 0.2 = 160（円）

ガム

800 × 0.15 = 120（円）

❷ 全体に対するクッキーの割合は，❶より25%です。帯全体の長さが25cmなので，クッキーの部分の長さは，

25 × 0.25 = 6.25（cm）

32 逆算

答え

1 ❶ 17　❷ 77　❸ 2.4　❹ 0.3

2 ❶ 2　❷ 3.4　❸ 1

考え方

1 ふつうに計算するときと，逆の順序で計算します。

❶ □ × 4 − 24 = 44

① ②

□× 4 =△とすると，△− 24 = 44

より，△は，44 + 24 = 68

□× 4 = 68 だから，□は，

68 ÷ 4 = 17

❷ 15 + □ ÷ 7 = 26

① ②

□÷ 7 =△とすると，15 +△= 26

より，△は，26 − 15 = 11

□÷ 7 = 11 だから，□は，

11 × 7 = 77

❸ 3.5 × □ ÷ 0.8 = 10.5

① ②

3.5 ×□=△とすると，

△÷ 0.8 = 10.5 より，△は，

10.5 × 0.8 = 8.4

3.5 ×□= 8.4 だから，□は，

8.4 ÷ 3.5 = 2.4

❹ □ × 4.8 + 0.56 = 2

① ②

□× 4.8 =△とすると，

△+ 0.56 = 2 より，△は，

2 − 0.56 = 1.44

□× 4.8 = 1.44 だから，□は，

1.44 ÷ 4.8 = 0.3

2 ❶ 15 × （3 + □） − 15 = 60

① ② ③

15 × （3 +□） =△とすると，

△− 15 = 60

より，△は，60 + 15 = 75

3 +□=○とすると，15 ×○= 75

だから，○は，75 ÷ 15 = 5

3 +□= 5 だから，□は，5 − 3 = 2

❷ （1.4 + □ × 2） ÷ 0.41 = 20

① ② ③

1.4 + □ × 2 =△とすると，

△÷ 0.41 = 20

より，△は，20 × 0.41 = 8.2

□× 2 =○とすると，1.4 +○= 8.2

だから，○は，8.2 − 1.4 = 6.8

□× 2 = 6.8 だから，□は，

6.8 ÷ 2 = 3.4

❸ 計算できるところを先に計算します。

15.6 −（□+ 4.4 × 8.2）÷ 3 = 3.24

15.6 −（□+ 36.08）÷ 3 = 3.24

① ② ③

（□+ 36.08） ÷ 3 =△とすると，

15.6 −△= 3.24

より，△は，15.6 − 3.24 = 12.36

□+ 36.08 =○とすると，

○÷ 3 = 12.36 だから，○は，

12.36 × 3 = 37.08

□+ 36.08 = 37.08 だから，□は，

37.08 − 36.08 = 1

33 円周の長さ ①

答え

1 ① 18.84cm　② 6.28cm

2 ① 25.7cm　② 42.84cm

3 ① 30m　② 3 倍

4 25.12cm

考え方

1 円周の長さ＝直径× 3.14
　　　　　　＝半径× 2 × 3.14

で求めることができます。

① 直径が 6cm なので，円周の長さは，
　6 × 3.14 = 18.84（cm）

② 半径が 1cm なので，円周の長さは，
　1 × 2 × 3.14 = 6.28（cm）

2 ①

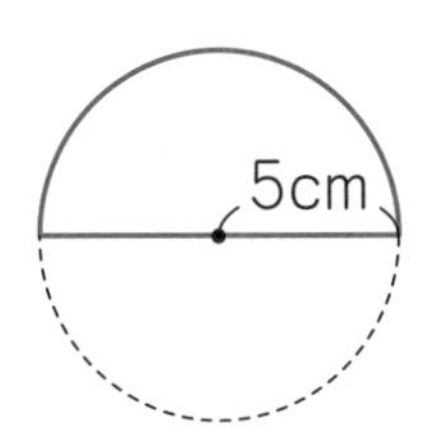

曲線の長さは，半径 5cm の円の円周の半分になるので，

5 × 2 × 3.14 ÷ 2 = 15.7（cm）

したがって，まわりの長さは，

15.7 + 5 × 2 = 25.7（cm）

②

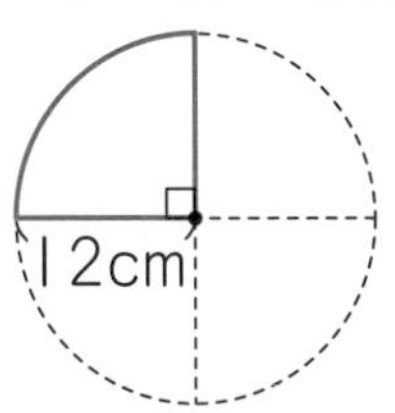

曲線の長さは，半径 12cm の円の円周を 4 等分したもののうちの 1 つ分なので，

12 × 2 × 3.14 ÷ 4 = 18.84（cm）

したがって，まわりの長さは，

18.84 + 12 × 2 = 42.84（cm）

3 ① 円周＝直径× 3.14 より，
　直径＝円周÷ 3.14

になるから，直径は，

94.2 ÷ 3.14 = 30（m）

② まわりの長さが 3 倍なので，

94.2 × 3 = 282.6（m）

このときの直径は，

282.6 ÷ 3.14 = 90（m）

つまり直径は，90 ÷ 30 = 3（倍）

4

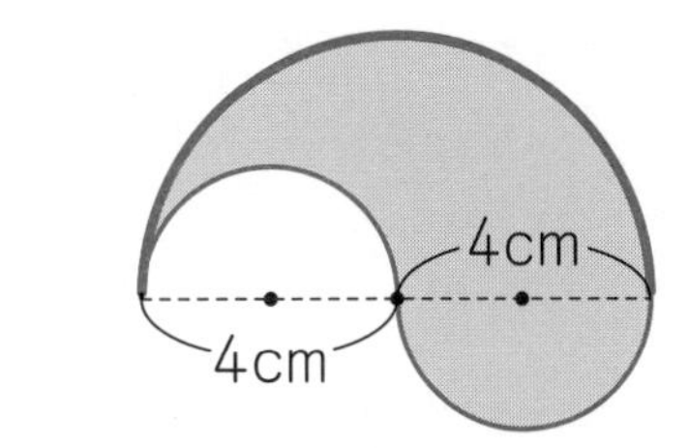

上の図の太い線は，半径 4cm の円の円周の半分になるので，その長さは，

4 × 2 × 3.14 ÷ 2 = 12.56（cm）

上の図の細い線は，

直径 4cm の円の円周の半分× 2，

つまり，直径 4cm の円の円周

だから，その長さは，

4 × 3.14 = 12.56（cm）

したがって，この図形のまわりの長さは，

12.56 + 12.56 = 25.12（cm）

34 円周の長さ ②

答え

1 ①

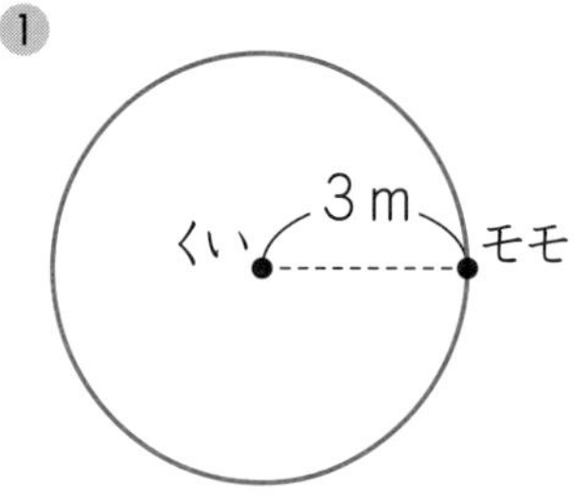

② 18.84m

③ 9.42m

考え方

1 ひもを張ったまま動く犬を題材とした，円周の長さを求める問題です。犬が動いたあとを正確(せいかく)にイメージすることがポイントとなります。

① モモとくいの間のきょりはいつも3mなので，モモの動いたあとは，下の図のような，

中心…点A

半径…直線AB

の円になります。

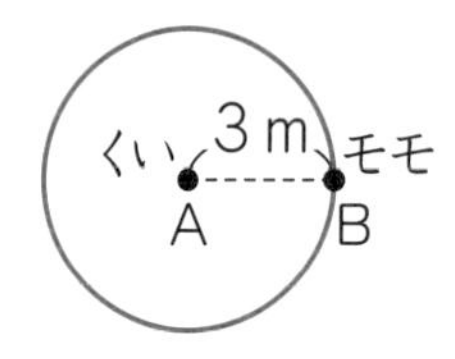

② モモが動いた長さは，半径3mの円周の長さと等しいので，

$3 \times 2 \times 3.14 = 18.84$（m）

③

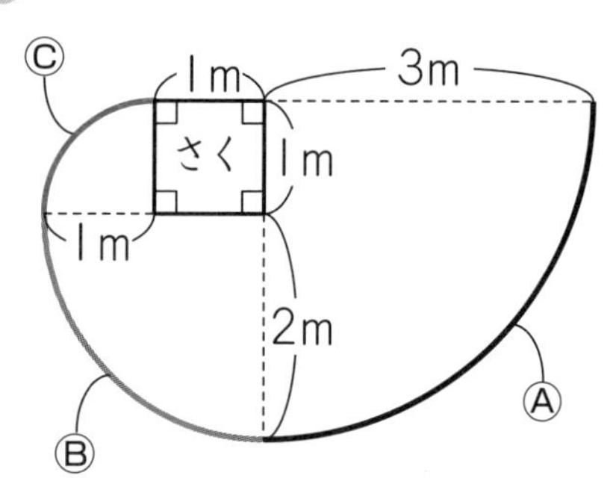

上の図のⒶの部分の長さは，半径3mの円の円周を4等分したもののうちの1つ分なので，

$3 \times 2 \times 3.14 \div 4 = 4.71$（m）

Ⓑの部分の長さは，半径が，

$3 - 1 = 2$（m）

の円の円周を4等分したもののうちの1つ分なので，

$2 \times 2 \times 3.14 \div 4 = 3.14$（m）

Ⓒの部分の長さは，半径が，

$2 - 1 = 1$（m）

の円の円周を4等分したもののうちの1つ分なので，

$1 \times 2 \times 3.14 \div 4 = 1.57$（m）

したがって，モモが動いた長さは，

$4.71 + 3.14 + 1.57 = 9.42$（m）

35 等積変形 ①

答え

1 $15.5cm^2$

2 $35cm^2$

3 $30cm^2$

考え方

1 下の図で，直線ＡＥと直線ＢＣは平行です。そのため，三角形ＢＣＥと三角形ＢＣＤの底辺を直線ＢＣとしたときの高さは，それぞれ等しくなるので，２つの三角形の面積も等しくなります。

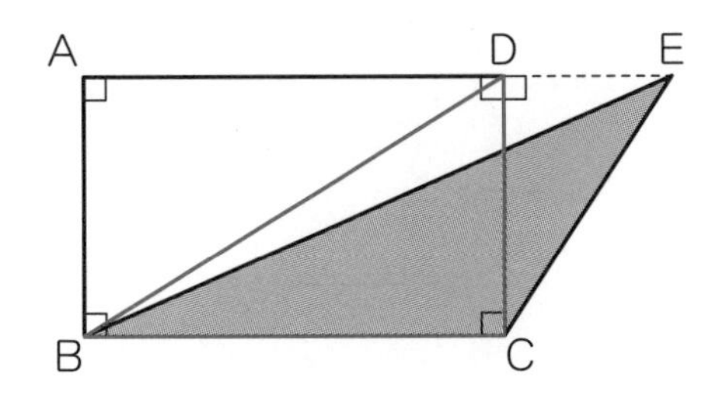

したがって，求める三角形の面積は，長方形ＡＢＣＤの面積の半分なので，

$31 \div 2 = 15.5$ (cm^2)

2 下の図において，長方形ＡＢＣＤの辺ＡＤと辺ＢＣは平行なので，

・三角形ＢＦＥと三角形ＢＦＡ

・三角形ＦＨＧと三角形ＦＨＡ

・三角形ＨＣＪと三角形ＨＣＡ

の面積は，それぞれ等しくなっています。

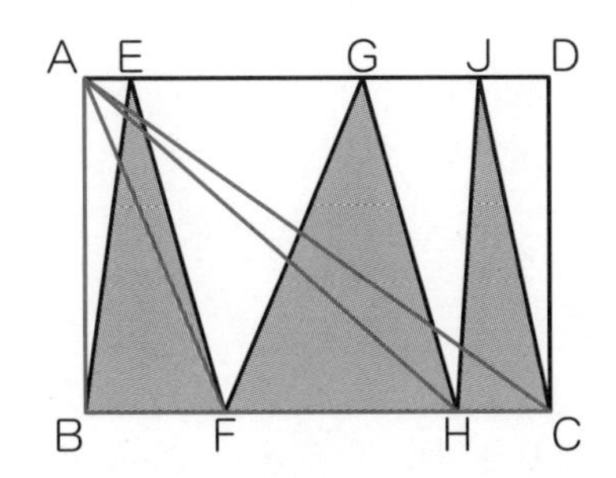

したがって，色がついている部分の面積は，三角形ＡＢＣの面積と等しいので，

$7 \times 10 \div 2 = 35$ (cm^2)

3 点Ｅ，点Ｆは辺ＡＢ，辺ＣＤを二等分した点であることから，直線ＥＦより上側にある三角形と下側にある三角形の高さは等しくなります。したがって，直線ＥＦより下側にある３つの三角形を下の図のように移動させることができます。

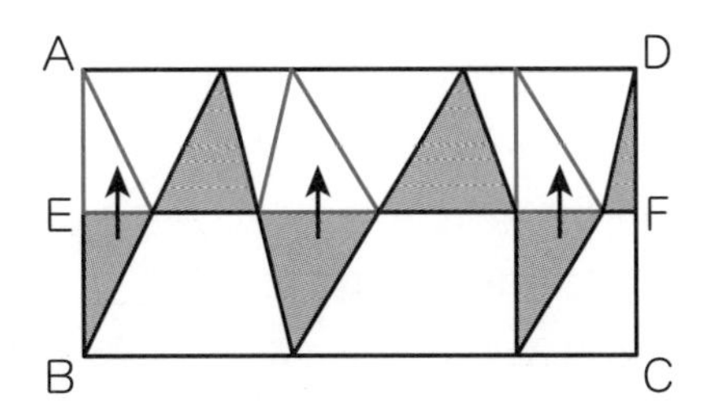

さらに，下の図で直線ＡＤと直線ＥＦが平行であることから，色のついた部分の面積は三角形ＡＥＦの面積と等しくなります。

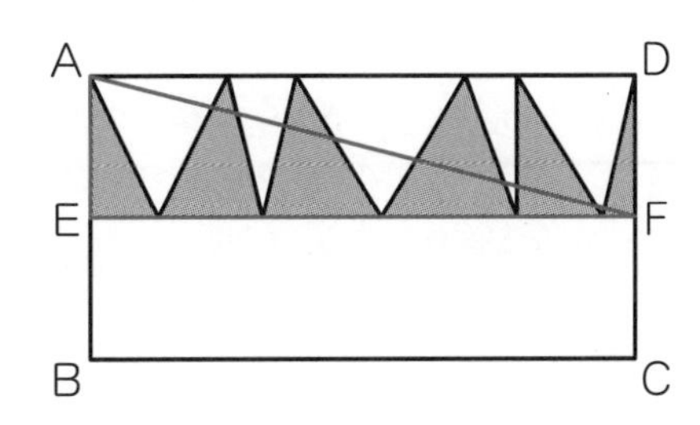

ここで，長方形ＡＥＦＤの面積は，長方形ＡＢＣＤの面積の半分だから，

$8 \times 15 \div 2 = 60$ (cm^2)

三角形ＡＥＦの面積は，この半分だから，求める面積は，

$60 \div 2 = 30$ (cm^2)

36 等積変形 ②

答え

1 20cm^2

2 12cm^2

3 ① 30cm^2 ② 15cm ③ 160cm^2

考え方

1 色のついた２つの三角形の面積は，底辺と高さがわからないので，面積を直接求めることができません。

そこで，右の図の点Ｅを通り，辺ＡＢ，辺ＤＣに平行な直線ＦＧを引きます。直線ＦＧが辺ＡＢ，辺ＤＣと平行であることから，

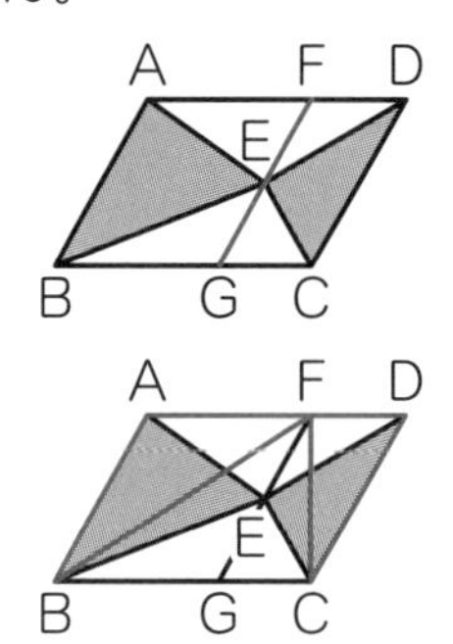

・三角形ＡＢＥと三角形ＡＢＦ

・三角形ＣＤＥと三角形ＣＤＦ

の面積は，それぞれ等しくなっています。したがって，色がついている部分全体の面積は，平行四辺形ＡＢＣＤから三角形ＢＣＦの面積をひいたものになるので，

$$8 \times 5 - 8 \times 5 \div 2 = 20\ (\text{cm}^2)$$

2 直線ＡＥと直線ＤＢは平行だから，

三角形ＡＢＤと三角形ＥＢＤ

の面積は等しくなっています。

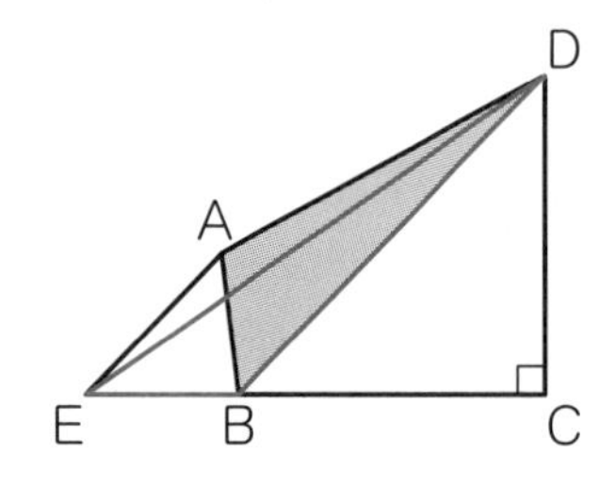

したがって，四角形ＡＢＣＤの面積と三角形ＣＤＥの面積は等しく，求める面積は，

$$(2 + 4) \times 4 \div 2 = 12\ (\text{cm}^2)$$

3 ① 辺ＡＤと辺ＢＣは平行だから，三角形ＢＣＤと三角形ＢＣＡの面積は等しくなっています。

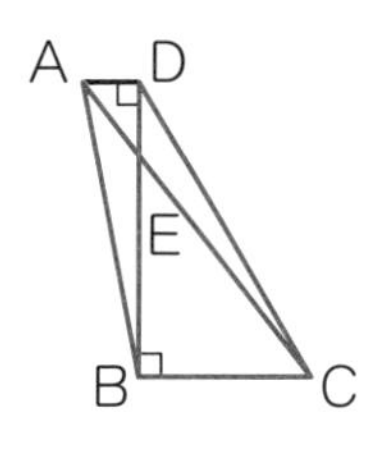

また，三角形ＢＣＥは，三角形ＢＣＤと三角形ＢＣＡの共通部分だから，その部分をそれぞれのぞいた三角形ＡＢＥと三角形ＣＤＥの面積は等しくなっています。

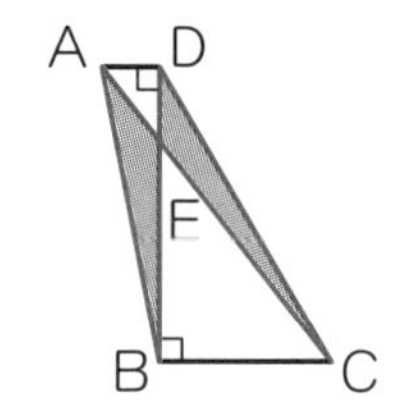

したがって，三角形ＣＤＥの面積が 30cm^2 であることから，三角形ＡＢＥの面積も 30cm^2 です。

② 辺ＢＥの長さを□cmとすると，三角形ＡＢＥの面積が 30cm^2 であることより，

$$\square \times 4 \div 2 = 30$$

つまり，

$$\square \times 4 = 30 \times 2 = 60$$

となるので，□は，

$$60 \div 4 = 15$$

③ 三角形ＣＤＥの面積が 30cm^2 なので，辺ＤＥの長さを○cmとすると，

$$\bigcirc \times 12 \div 2 = 30$$

つまり，

$$\bigcirc \times 12 = 30 \times 2 = 60$$

となります。したがって，○は，

$$60 \div 12 = 5$$

以上より，台形ＡＢＣＤの高さＤＢは，$15 + 5 = 20$ (cm) だから，面積は，

$$(4 + 12) \times 20 \div 2 = 160 (\text{cm}^2)$$

37 正多角形の性質

答え

1 ①(あ)正五角形　(い)正八角形

②二等辺三角形

③㋐72°　㋑54°　㋒45°　㋓22.5°

2 イ，エ

3 ① 30cm　② 31.4cm

考え方

1 ① 辺の数は，それぞれ

(あ)5 本

(い)8 本

なので，(あ)は正五角形，(い)は正八角形です。

② 円の中心から正五角形の各頂点までの長さはすべて等しいので，Aの三角形は二等辺三角形になります。

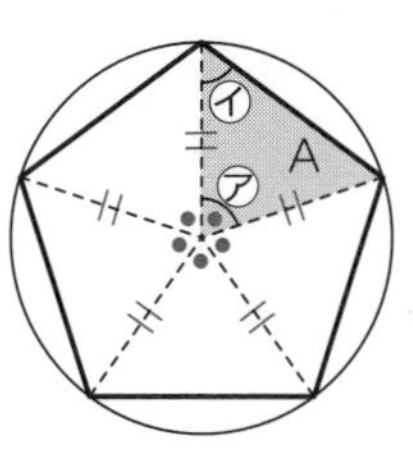

③㋐ 右上の図で，●の印がついた角の大きさはすべて等しいので，

360° ÷ 5 = 72°

㋑ Aの三角形は二等辺三角形なので，

（180° −72°）÷ 2 = 54°

㋒ 右の図で，○の印がついた角の大きさはすべて等しいので，

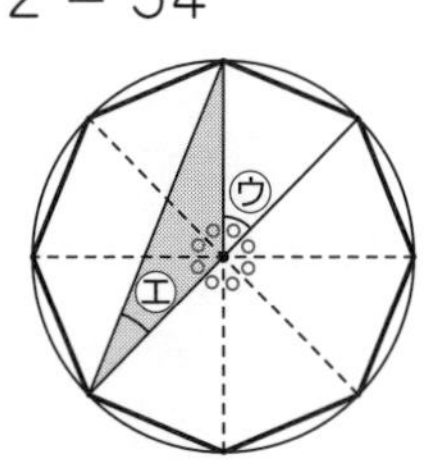

360° ÷ 8 = 45°

㋓ 色をつけた三角形は二等辺三角形です。○の印 3 つ分の角の大きさは，45° × 3 = 135°だから，㋓の角度は，

（180° −135°）÷ 2 = 22.5°

2 ア　まちがいです。例えば右の図のような五角形を考えたとき，5 つの角が等しいということだけでは，正五角形とはいえません。角の大きさに加えて辺の長さもすべて等しいとき，正多角形であるといえます。

イ　正しいです。正方形は，4 つの辺の長さが等しく，4 つの角の大きさが等しいので，正多角形であるといえます。

ウ　まちがいです。正十二角形の頂点を 1 つおきに直線で結ぶと，正六角形ができます。

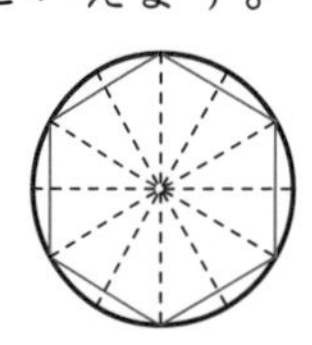

エ　正しいです。右の図のような正七角形ができます。

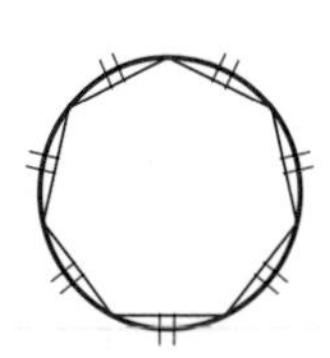

3 ① 右の図のように，正六角形を6つの正三角形に分けて考えます。正三角形の 1 辺の長さは，

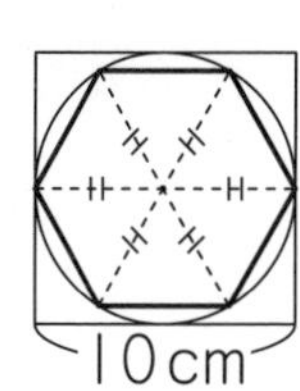

10 ÷ 2 = 5（cm）

だから，正六角形のまわりの長さは，

5 × 6 = 30（cm）

② この円の直径は 10cm だから，円周の長さは，

10 × 3.14 = 31.4（cm）

38 多角形の角度

答え

1 ① 115°　② 135°

2 ① 108°　② 140°

3 ㋐ 45°　㋑ 15°

考え方

1 ① この図形は，頂点が5つあるので，五角形です。

五角形は，1つの頂点から引いた対角線で3つの三角形に分けられるので，5つの角の大きさの和は，

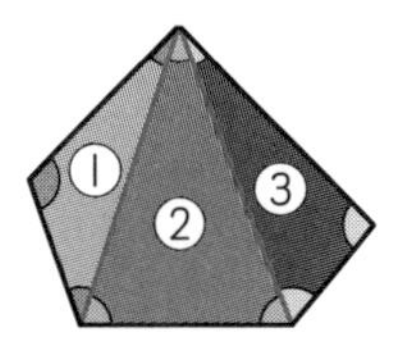

$180° \times 3 = 540°$

したがって，㋐の角の大きさは，

$540° - (110° + 130° + 95° + 90°) = 115°$

② この図形は，頂点が7つあるので，七角形です。七角形は，1つの頂点から引いた対角線で5つの三角形に分けられるので，7つの角の大きさの和は，

$180° \times 5 = 900°$

したがって，㋑の角の大きさは，

$900° - (120° + 125° + 130° + 155° + 140° + 95°) = 135°$

2 ① 五角形の5つの角の大きさの和は540°です。正五角形の5つの角の大きさは等しいので，

$540° \div 5 = 108°$

② 九角形は，1つの頂点から引いた対角線で7つの三角形に分けられるので，9つの角の大きさの和は，

$180° \times 7 = 1260°$

正九角形の9つの角の大きさは等しいので，

$1260° \div 9 = 140°$

3 正方形の1つの角の大きさは90°です。また，六角形は，1つの頂点から引いた対角線で4つの三角形に分けられるので，6つの角の大きさの和は，

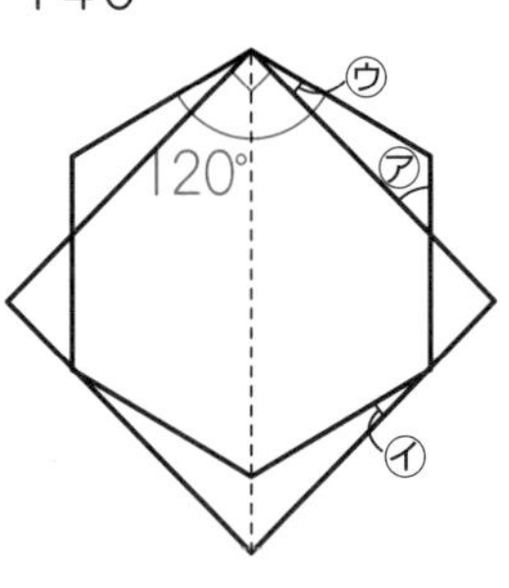

$180° \times 4 = 720°$

正六角形の1つの角の大きさは，

$720° \div 6 = 120°$

だから，右上の図の㋒の角の大きさは，

$(120° \div 2) - (90° \div 2) = 15°$

したがって，㋐の角の大きさは，

$180° - (15° + 120°) = 45°$

また，2本の直線が交わったときにできる向かい合った角どうしは等しいので，右の図の㋓の角も45°です。

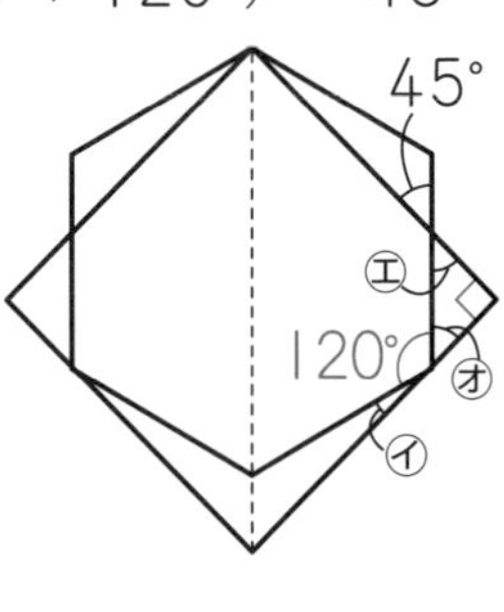

正方形の1つの角の大きさは90°だから，㋔の角の大きさは，

$180° - (45° + 90°) = 45°$

正六角形の1つの角の大きさは120°だから，㋑の角の大きさは，

$180° - (45° + 120°) = 15°$

39 多角形の対角線

答え

1 ①㋐4　㋑2　㋒5　㋓5　㋔6　㋕9
②14本

2 ①17本　②170本

考え方

1① 四角形，五角形，六角形の対角線は，次のように引けます。

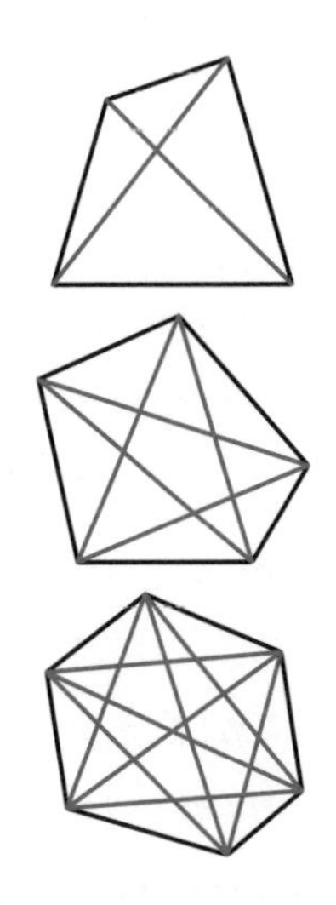

② 七角形の対角線は，次のように引けます。自分で七角形をかいて，考えてみましょう。

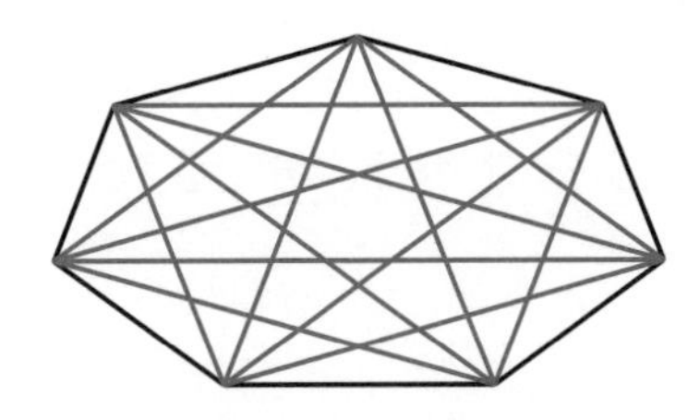

1つの頂点から対角線が4本引けることに注意して数えましょう。

2① 1つの頂点から対角線を引くとき，その頂点と，となりあう2つの頂点へは対角線を引けません。したがって，1つの頂点から引ける対角線の本数は，
20 − 3 = 17（本）

② 1つの頂点から引ける対角線の本数は，①より17本です。二十角形の頂点は20個あるので，すべての頂点から対角線を引くと，
17 × 20 = 340（本）
ですが，このとき，同じ対角線を必ず2回数えているので，求める二十角形の対角線の本数は，
340 ÷ 2 = 170（本）

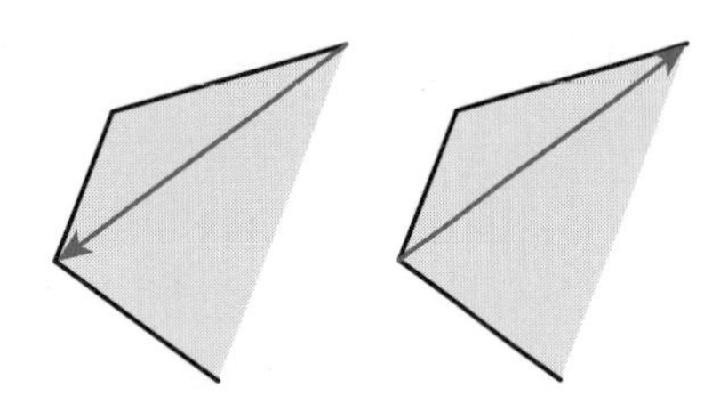

なお，この問題の解(と)き方を言葉の式で表すと，
(頂点の個数 − 3) × 頂点の個数 ÷ 2
であり，「知っていたらかっこいい！」でしょうかいした式になります。対角線の本数を求めるときに役に立つ式ですので，覚えておくとよいでしょう。

40 速さの応用

答え

1 ❶ 125m ❷ 12分
2 ❶ 20分 ❷ 1560m
3 ❶ 1125m ❷ 150m ❸ 7分30秒
4 13分20秒

考え方

1 ❶ かずやさんは1分あたり70m，りささんは1分あたり55m向かい合って進むので，2人の間の道のりは1分間に，70 + 55 = 125（m）ずつ縮まります。

❷ 1500mの道のりが，1分間に125mずつ縮まっていくから，2人が出会うまでの時間は，

1500 ÷ 125 = 12（分）

2 ❶ 最初の2人の間の道のりを「m」で表すと，2.4km = 2400m

ゆうこさんが出発するとき，きょうへいさんはすでに4分間進んでいるので，2人の間の道のりは，

2400 − 65 × 4 = 2140（m）

ゆうこさんが出発してから2人の間の道のりは，65+42=107(m)ずつ縮まっていくから，2人が出会うまでの時間は，2140÷107=20(分)

❷ きょうへいさんが進み始めてから出会うまでの時間は，

4 + 20 = 24（分）

きょうへいさんは分速65mで進んでいたから，65 × 24 = 1560（m）

〔別解〕

ゆうこさんが進んだ道のりは，

42 × 20 = 840（m）

だから，きょうへいさんの家から出会った地点までの道のりは，

2400 − 840 = 1560（m）

3 ❶ さくらさんが出発するまでに，まもるさんは15分間進んでいるので，

75 × 15 = 1125（m）

❷ さくらさんは1分あたり225m，まもるさんは1分あたり75m同じ方向に進むので，2人の間の道のりは1分間に，225 − 75 = 150（m）ずつ縮まります。

❸ さくらさんが出発したときは1125mはなれていて，1分間に150mずつ縮まるから，追いつくまでにかかった時間は，

1125 ÷ 150 = 7.5（分）

7.5分= 7分30秒

4 つかささんがみきさんより400m多く進んだときに，つかささんがみきさんを追いこすことができます。

最初，400mあった道のりが，1分間に，95 − 65 = 30（m）ずつ縮まっていくと考えると，つかささんがみきさんを追いこすまでにかかる時間は，

$400 \div 30 = \frac{40}{3} = 13\frac{1}{3}$（分）

$13\frac{1}{3}$分 = 13分20秒

41 角柱

答え

1 ①五角柱　②面ＦＧＨＪＫ
③面ＡＢＣＤＥ，面ＦＧＨＪＫ
④４本

2 ①㋐六角形　㋑6　㋒6　㋓8　㋔6
㋕6　㋖12　㋗6　㋘6　㋙6
㋚18
②下の表

	面の数（つ）	頂点の数（個）	辺の数（本）
三角柱	5	6	9
四角柱	6	8	12
七角柱	9	14	21

考え方

1 ①　底面が五角形の角柱だから，五角柱です。

②　面ＡＢＣＤＥは底面です。角柱の２つの底面は，合同で，平行になっているので，面ＡＢＣＤＥに平行な面は，もう１つの底面ＦＧＨＪＫです。

③　面ＡＦＧＢは側面です。角柱の底面と側面は垂直になっているので，面ＡＦＧＢに垂直な面は，２つの底面である面ＡＢＣＤＥと面ＦＧＨＪＫです。

④　角柱の側面は正方形か長方形で，向かい合った辺は平行だから，辺ＣＨと，辺ＢＧ，辺ＤＪは平行です。また，辺ＢＧと辺ＡＦ，辺ＤＪと辺ＥＫも平行なので，辺ＣＨと辺ＡＦ，辺ＥＫも平行です。したがって，辺ＣＨと平行な辺は，辺ＢＧ，辺ＡＦ，辺ＥＫ，辺ＤＪの４本です。

2 ①㋐～㋓　六角柱の底面は六角形で，側面の数は，底面の六角形の辺の数と同じで６つです。底面は２つあるので，合わせると，六角柱の面の数は，

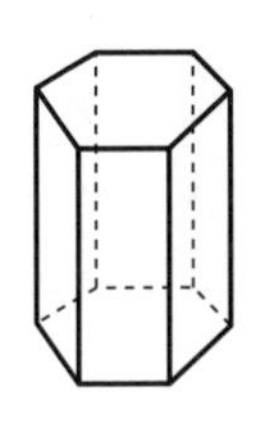

6＋2＝8（つ）

㋔～㋖　六角柱の底面は六角形だから，１つの底面には頂点が６個あります。底面は２つあるので，六角柱の頂点の数は，

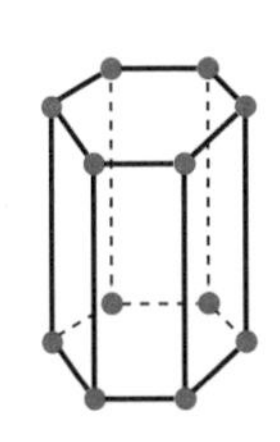

6×2＝12（個）

㋗～㋚　六角柱の底面は六角形だから，１つの底面には辺が６本あります。また，２つの底面を結ぶ辺は１つの底面にある頂点の数と同じだけあるので，六角柱の辺は，

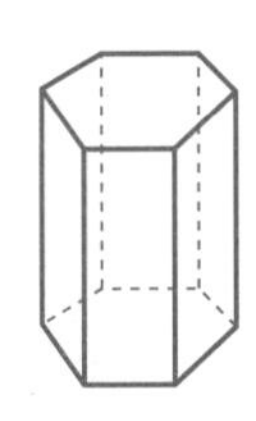

6×2＋6＝18（本）

②　三角柱，四角柱，七角柱を自分でかいて，面の数，頂点の数，辺の数を考えてもよいですが，「知っていたらかっこいい！」でしょうかいした式を使って，それぞれの数を求めてもよいでしょう。例えば，七角柱は，

面の数　…7＋2＝9（つ）
頂点の数…7×2＝14（個）
辺の数　…7×3＝21（本）

と計算でき，速く正確（せいかく）に答えを求めることができますね。

42 立体の展開図 ①

答え

1 ①円柱　②62.8cm^2

2 ①三角柱　②点E

③辺KJ　④36cm^3

考え方

1 ① 展開図を組み立てると，下の図のような円柱になります。

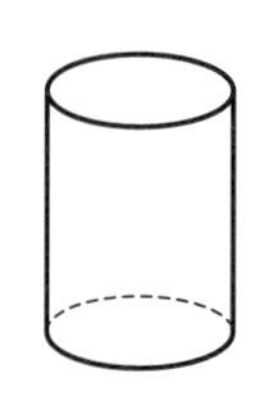

② 円柱の展開図において，

・長方形の横の長さと底面の円の円周の長さ

・長方形のたての長さと円柱の高さ

はそれぞれ等しくなります。

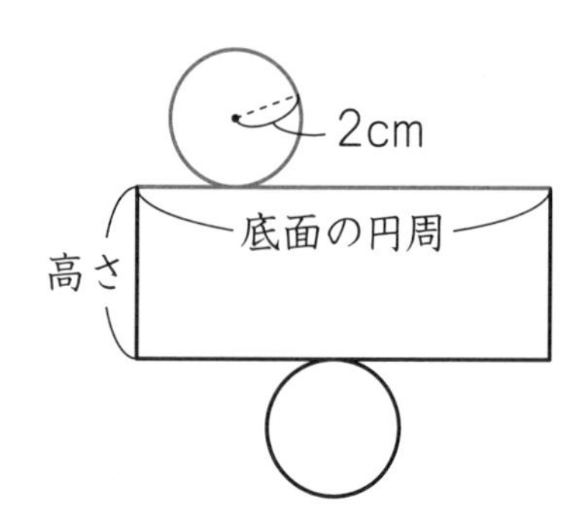

したがって，長方形の横の長さは，

$2 \times 2 \times 3.14 = 12.56$（cm）

長方形のたての長さは5cmだから，

側面の面積は，

$5 \times 12.56 = 62.8$（cm^2）

2 ①，②，③ 展開図を組み立てると，次のような三角柱になります。

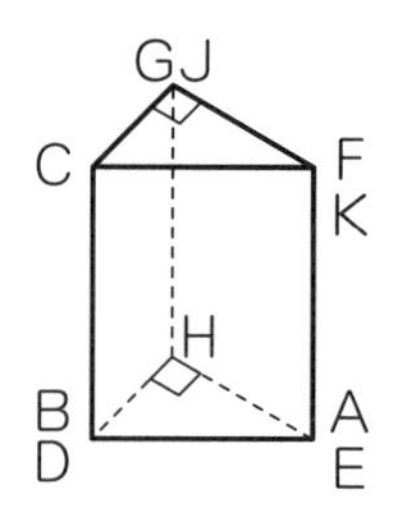

図より，点Aと重なる点は点E，辺FGと重なる辺は，辺KJです。「辺KJ」を「辺JK」と答えてもよいですが，重なる点の順番を考えて，「辺KJ」と答えるようにしましょう。

④ 下の図のように，この三角柱を2つ組み合わせると，たて3cm，横4cm，高さ6cmの直方体になります。

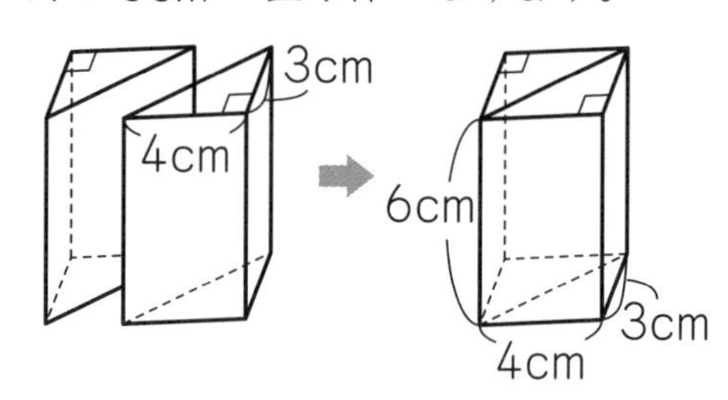

この直方体の体積は，

$3 \times 4 \times 6 = 72$（cm^3）

したがって，この三角柱の体積は，

$72 \div 2 = 36$（cm^3）

43 立体の展開図 ②

答え

1 ①

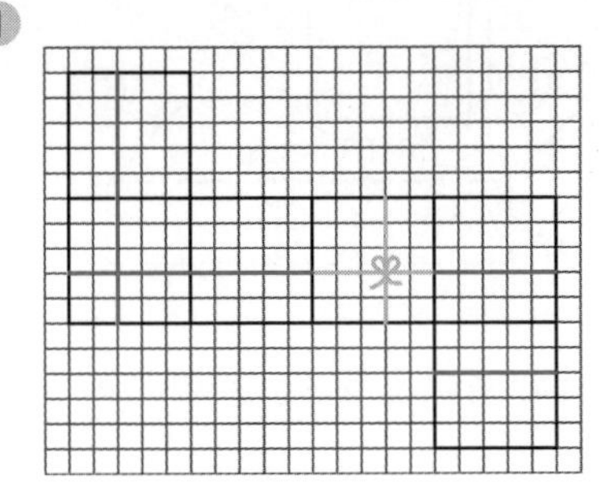

② 110cm

2

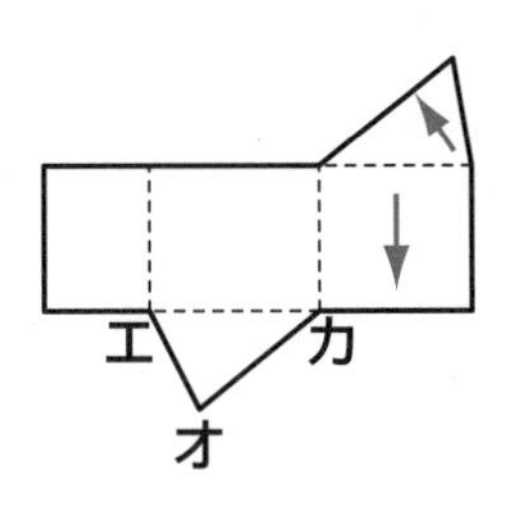

3

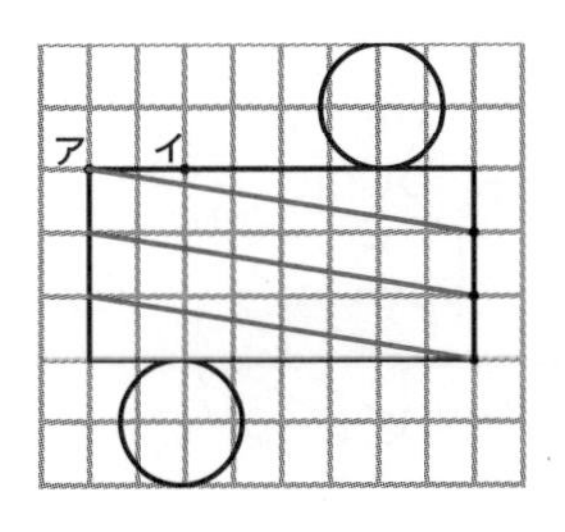

考え方

1 ① 見取図を展開すると，下のような図になります。

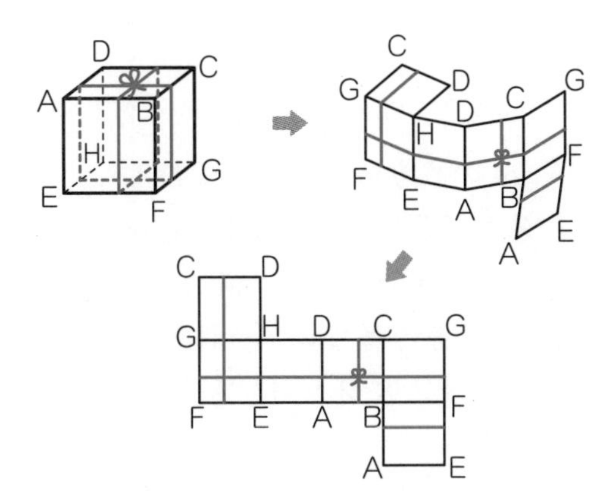

② 立方体の１辺の長さは10cmです。赤い線が１本通る面が４つ，赤い線が２本通る面が２つ，さらに結び目が30cmだから，全部で，

$10 \times 4 + 20 \times 2 + 30$

$= 110$ (cm)

のリボンが必要です。

2 図１の見取図を展開すると，下のような図になります。

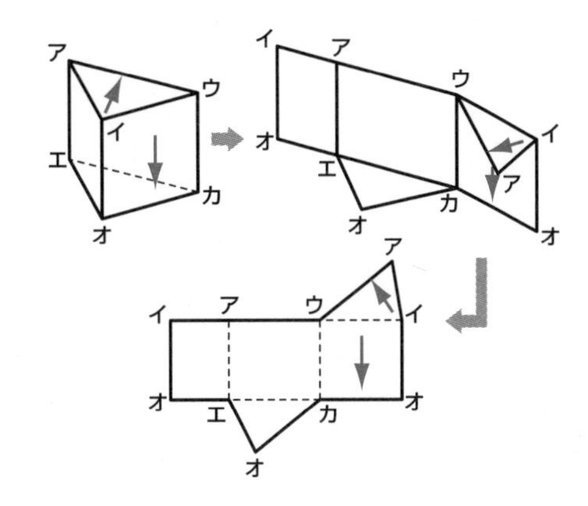

3 円柱の見取図を展開すると，下のような図になります。

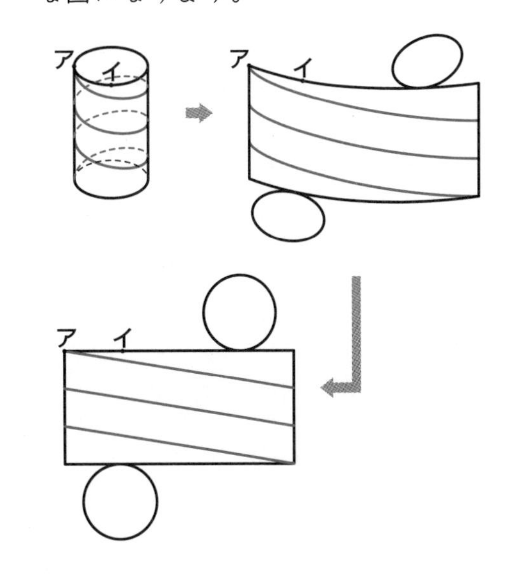

44 図形総復習

答え

1 ① 104° ② 102°

2 ① $736cm^3$ ② $480cm^3$

3 50.24cm

4 $16cm^2$

考え方

1 ①

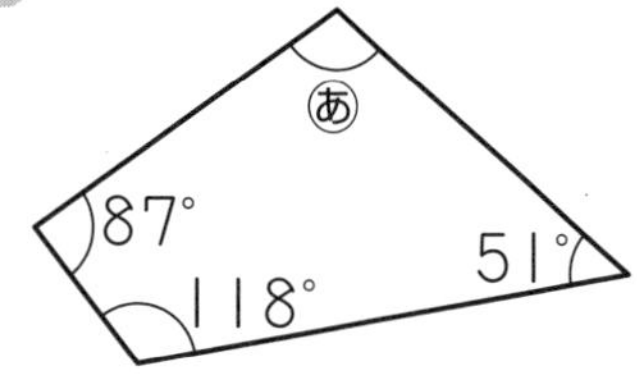

四角形の4つの角の大きさの和は360°だから，角㋐の大きさは，

360°−(87°+118°+51°)=104°

②

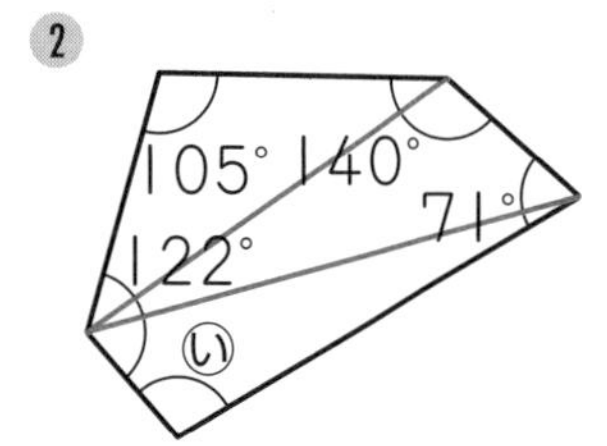

五角形は，上の図のように3つの三角形に分けられるので，五角形の5つの角の大きさの和は，

180°×3＝540°

したがって，角㋑の大きさは，

540°−(122°+105°+140°+71°)＝102°

2 ①

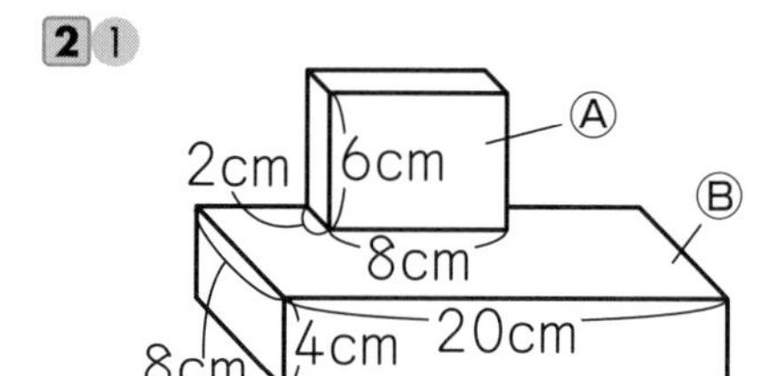

上の図のように，Ⓐと Ⓑの2つの直方体に分けて考えます。

Ⓐは，たて2cm，横8cm，高さ6cmの直方体なので，体積は，

$2 \times 8 \times 6 = 96\ (cm^3)$

Ⓑは，たて8cm，横20cm，高さ4cmの直方体なので，体積は，

$8 \times 20 \times 4 = 640\ (cm^3)$

したがって，求める体積は，

$96 + 640 = 736\ (cm^3)$

②

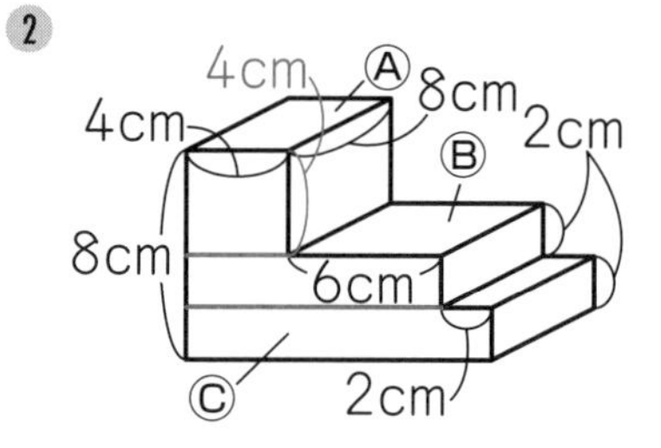

上の図のように，Ⓐ，Ⓑ，Ⓒの3つの直方体に分けて考えます。

Ⓐは，たて8cm，横4cm，高さ4cmの直方体なので，体積は，

$8 \times 4 \times 4 = 128\ (cm^3)$

Ⓑは，たて8cm，横10cm，高さ2cmの直方体なので，体積は，

$8 \times 10 \times 2 = 160\ (cm^3)$

Ⓒは，たて8cm，横12cm，高さ2cmの直方体なので，体積は，

$8 \times 12 \times 2 = 192\ (cm^3)$

したがって，求める体積は，

$128 + 160 + 192 = 480(cm^3)$

3

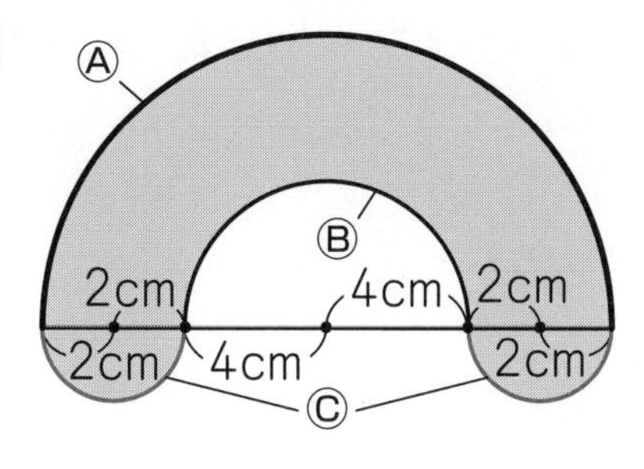

上の図で，Ⓐの曲線は，半径が，

$2+2+4=8$（cm）

の円の円周の半分になるので，

$8\times2\times3.14\div2=25.12$(cm)

Ⓑの曲線は，半径 4cm の円の円周の半分になるので，

$4\times2\times3.14\div2=12.56$(cm)

Ⓒの曲線は，

半径 2cm の円の円周の半分× 2，

つまり，半径 2cm の円の円周

だから，その長さは，

$2\times2\times3.14=12.56$（cm）

したがって，求める長さは，

$25.12+12.56+12.56$

$=50.24$（cm）

4 下の図のように，正方形ＡＢＣＤの面積から，三角形㋐，㋑，㋒，㋓の面積をひいて求めます。

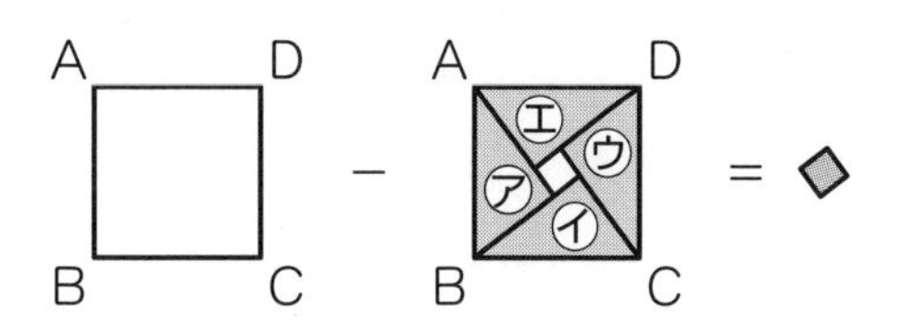

上の図において，４つの三角形㋐，㋑，㋒，㋓は，すべて合同です。

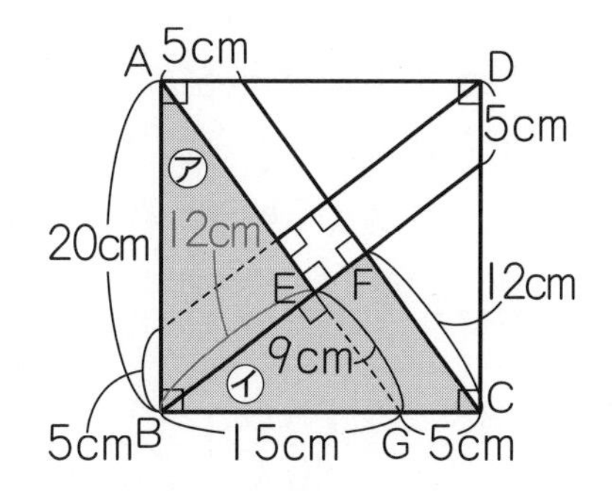

三角形㋐と三角形㋑が合同であることより，上の図の直線ＢＥの長さは，直線ＣＦの長さと等しく，12cm です。したがって，三角形ＢＧＥの面積は，

$9\times12\div2=54$（cm^2）

直線ＢＧの長さが，

$20-5=15$（cm）

なので，三角形ＡＢＧの面積は，

$15\times20\div2=150$（cm^2）

だから，三角形㋐の面積は，

$150-54=96$（cm^2）

したがって，三角形㋐，㋑，㋒，㋓の面積の合計は，

$96\times4=384$（cm^2）

以上より，求める面積は，

$20\times20-384=16$（cm^2）

45 計算総復習

答え

1 ① 4.212　② 5.67

③ $1\frac{13}{30}\left(=\frac{43}{30}\right)$　④ $3\frac{17}{24}\left(=\frac{89}{24}\right)$

2 ① 4.4　② 8.8　③ 93.2

3 ① 3.3　② 5

考え方

1 ① 計算をまちがえないように，筆算でていねいに計算しましょう。

② 左から順番に計算していきます。

$6.48 \div 1.6 \times 1.4$

$= 4.05 \times 1.4 = 5.67$

③ 分母の数がちがう分数のたし算・ひき算は，通分してから計算します。

$3\frac{4}{15} - 1\frac{5}{6} = 3\frac{8}{30} - 1\frac{25}{30}$

$= 2\frac{38}{30} - 1\frac{25}{30} = 1\frac{13}{30}$

④ $4\frac{3}{4} - 2\frac{5}{12} + 1\frac{3}{8}$

$= 4\frac{18}{24} - 2\frac{10}{24} + 1\frac{9}{24} = 3\frac{17}{24}$

2 たし算・ひき算とかけ算・わり算と（　）をふくんだ式では，

①（　）の中

②かけ算・わり算

③たし算・ひき算

の順に計算します。

① $5.1 - 0.91 \div 1.3 = 5.1 - 0.7 = 4.4$

② $1.6 \times (0.98 \div 0.2 + 0.6)$

$= 1.6 \times (4.9 + 0.6) = 1.6 \times 5.5 = 8.8$

③ かけ算だけの式なので，計算しやすいように順序（じゅんじょ）を入れかえます。今回は，$12.5 \times 0.8 = 10$ を利用します。

$12.5 \times 9.32 \times 0.8$

$= 12.5 \times 0.8 \times 9.32$

$= 10 \times 9.32 = 93.2$

3 ふつうに計算するときとは逆（ぎゃく）の順序で計算します。

① $\square \div 1.5 + 0.8 = 3$

（$\square \div 1.5$ が①，①$+ 0.8$ が②）

①$+0.8=3$だから，①は，$3-0.8=2.2$

$\square \div 1.5 = 2.2$ だから，□は，

$2.2 \times 1.5 = 3.3$

② $4.5 \times (\square - 4.4) + 5.5 = 8.2$

（$\square - 4.4$ が①，$4.5 \times$① が②，②$+ 5.5$ が③）

②$+ 5.5 = 8.2$ だから，②は，

$8.2 - 5.5 = 2.7$

$4.5 \times$①$= 2.7$ だから，①は，

$2.7 \div 4.5 = 0.6$

$\square - 4.4 = 0.6$ だから，□は，

$0.6 + 4.4 = 5$

Z-KAI